特种设备检验检测与安全管理

王海泉　著

吉林科学技术出版社

图书在版编目（CIP）数据

特种设备检验检测与安全管理 / 王海泉著. -- 长春:
吉林科学技术出版社, 2023.3
ISBN 978-7-5744-0268-3

Ⅰ. ①特… Ⅱ. ①王… Ⅲ. ①设备一检验②设备安全
一安全管理 Ⅳ. ①TB4②X93

中国国家版本馆 CIP 数据核字(2023)第 063114 号

特种设备检验检测与安全管理

著 王海泉
出 版 人 宛 霞
责任编辑 冯 越
封面设计 正思工作室
制 版 林忠平
幅面尺寸 170mm×240mm
开 本 16
字 数 230 千字
印 张 10.5
印 数 1–1500 册
版 次 2023年3月第1版
印 次 2024年1月第1次印刷

出 版 吉林科学技术出版社
发 行 吉林科学技术出版社
地 址 长春市南关区福祉大路5788号出版大厦A座
邮 编 130118
发行部电话/传真 0431-81629529 81629530 81629531
81629532 81629533 81629534
储运部电话 0431-86059116
编辑部电话 0431-81629510
印 刷 廊坊市印艺阁数字科技有限公司

书 号 ISBN 978-7-5744-0268-3
定 价 85.00 元

前　言

特种设备是指涉及生命安全、危险性较大的锅炉、压力容器（含气瓶）、压力管道、电梯、起重机械、客运索道、大型游乐设施和场（厂）内专用机动车辆，包括其所用的材料、附属的安全附件、安全保护装置和与安全保护装置相关的设施。随着我国市场经济的快速增长，生产规模扩大、生产集中化程度提高、城市化进程加快等因素的影响，特种设备被广泛地应用于各行各业，涉及国民经济、人民生活的各个领域。

随着我国经济的迅速发展，特种设备在我国的生产生活中越来越重要，近年来我国的社会经济和科学技术方面都取得了飞速的发展，在发展的过程中，特种设备的应用也越来越多，为了满足工业和民用方面的一系列性能要求，特种设备的种类和使用范围都在不断的增加，这无疑给相关的检验检测机构造成了重大的检测压力，由于特种设备技术在不断发展，其设备类型更新的过程中一些安全隐患就很容易出现，而安全检测及事故应急处理是重中之重。

本书属于特种设备检测技术与安全管理方面的著作，本书基于特种设备检测领域中应用最广、最新的检测技术，论述了特种设备检验对检测技术的需求等，介绍了相关的检测技术的原理及各类技术在特种设备检测中的应用，力求理论结合实际，并重点介绍了各种检测及监督管理等。希望能更好地总结和推广检测技术在特种设备检测领域的应用经验，为检测人员提供帮助。本书可供特种设备检验检测人员、检测仪器设备开发研究人员等阅读与参考。

撰写本书过程中，参考和借鉴了一些知名学者和专家的观点及论著，在此向他们表示深深的感谢。由于水平和时间所限，书中难免会出现不足之处，希望各位读者和专家能够提出宝贵意见，以待进一步修改，使之更加完善。

目　录

第一章　特种设备检验检测概述

第一节　检验检测概念及分类

一、检验的定义

检验是指对实体的一个或多个质量特性进行的诸如测量、检查、试验或度量，并将结果与规定要求进行比较，以确定每项特性符合标准要求所进行的活动。符合规定要求的叫“合格”，不符合规定要求的叫“不合格”。

产品的质量特性主要包括以下三方面。

第一，内在特性：结构性能、物理性能、安全性能、可靠性等。

第二，外在特性：外观、形状等。

第三，经济特性：成本、价格等。

特种设备的检验是以安全性能为重点。即内在特性为重点，同时兼顾其他质量特性所进行的检验。

二、检验的分类

根据产品形成过程及检验过程、检验地点、检验对象、检验人员、检验方法、检验性质等的不同，检验的分类有很多种。

（一）按加工过程，检验分为以下三种：

第一，进货检验：又称入厂检验。对原材料、外协件和外购件进行的进厂检验。

第二，过程检验：又称工序检验。在生产现场进行半成品的检验。

第三，最终检验：又称成品检验。对已完工的产品在入库前的检验。

（二）按检验地点，检验分为以下两种：

1. 固定检验

在固定地点，利用固定的检测设备进行检验。

2. 流动检验

按规定的检验路线和方法，到工作现场进行检验。目前，国家质量监督检验部门对在用特种设备的检验即属此类。

（三）按检验对象与样本的关系，检验分为以下三种：

1. 抽样检验

对检验的产品按标准规定的抽样方案，抽取小部分的产品

作为样本数进行检验和判定。

2. 全数检验

对生产的产品全部进行检验。

3. 首件检验

对操作条件变化后生产的第一件产品进行检验。

（四）按检验人员，检验分为以下三种：

1. 专职检验

由专职检验人员对产品进行检验。

2. 自检

由生产者（或使用者）在生产（或使用）过程中对自己生产（或使用）的产品根据质量要求进行的检验。

3. 互检

生产工人之间对生产的产品进行的相互检验。

（五）按检验的性质，检验分为以下两种：

1. 非破坏性检验

产品检验后，不降低该产品原有性能的检验。

2. 破坏性检验

产品检验后，其性能受到不同程度影响，甚至无法再使用的检验。

（六）按产品检验方法，检验分为以下三种：

1. 感官检验法

包括视觉检验法、听觉检验法等。主要适用于无法测量的产品质量特性和缺乏技术测量手段的情况。

2. 理化检验法

包括物理检验法、化学检验法等。

（七）按产品质量性质，检验分为以下两种：

1. 功能检验

只是对其功能是否正常进行检查。一般情况下检验的结果是定性结论。

2. 性能检验

要对参数进行测试的检验。其检验结果是一个量值，或一个量值范围。

三、检验的组织形式

按照检验的组织形式可分为独立型检验和联合型检验。

独立型检验，也称独立检验，是由检验人员独立操作或有人配合操作，对结果独立进行判定的检验方式。

联合型检验，也称联合检验，是由两个或两个以上组织或机构同时对某一项目或同一产品进行的检验，对检验结果进行独立判定或联合判定的检验形式。

实施联合检验的原则：对于费时、费用高、对设备有严重损害的项目采用联合检验的形式进行。是采用联合检验一般由提交方与终检方协商确定；或者在产品技术文件中明确规定。

一般情况下，可靠性试验、维修性试验等都是采用联合检验，独立判定的方式进行。

四、检验项目的确定

检验项目必须按照法定的规范、规程、产品特点、生产过程等进行确定，检验机构（或检验者）根据检验过程中出现的质量问题可以增加检验项目，但不得随意减少检验项目。

五、法定检验依据

检验依据根据检验者的不同分为检验机构的检验依据和检验人员的检验依据。

（一）检验机构的检验依据

检验机构的检验依据又分为行政依据和技术依据。

检验机构的检验行政依据就是核准的检验范围。

检验机构的检验技术依据包括以下几点：

①销售方与使用方签订合同的技术要求、受检方委托书。

②特种设备监督检验规则、安全技术规范。

③企标标准，产品图样和技术文件。

④部级标准。

⑤国家标准。

（二）检验人员的检验依据

①检验单位的检验工艺、作业指导书。

②特种设备安全技术规范。

③企标标准，产品图样和技术文件。

④部级标准。

⑤国家标准。

⑥委托书（委托项目、要求）。

第二节　监督检验

监督检验是保证特种设备使用安全的主要手段之一。

一、监督检验的概念

监督检验是特种设备监督检验机构依据法律、法规及产品的图样和技术文件的要求，对特种设备的质量及安全性能进行的一种检验。监督检验是一种预防性检验，包括了对新产品、安装和在用产品的质量及安全性能的检验。

监督检验分为定期监督检验和不定期监督检验。

定期监督检验又分为定时监督检验和定工序监督检验。定时监督检验是在规定的时间，对产品或设备的性能进行的检验；定工序监督检验是根据产品的生产特点，在规定的生产工序点进行的检验。

不定期监督检验是为了保证产品质量一致性的一种质量控制方法。其又分为不定期抽检和不定期全数检验。

不定期抽检是保证产品质量一致性的一种检验方法。抽检可以是某一个质量控制环节的某一质量要素，也可以是某一质量控制环节的全部要素。

不定期全数检验是对影响产品质量的某个环节内所有项目进行的检验。对作出监督检验合格的产品，应签署监督检验合格报告或证书。对监督检验不合格的产品，应将不合格的理由及时通知生产或使用单位。

二、监督检验的范围

监督检验应当是产品图样和技术文件已确定，根据图样和文件确定监督检验项目。

（一）成品

成品是指生产单位已完成全部生产过程，并经生产单位自检合格，可以销售的产品。监督检验的成品有以下几方面：

1. 国家规定需要监督检验的产品。

2. 新生产的特种设备。

3. 改造或大修的特种设备。

（二）关键元器件和关键件（特性）、重要件（特性）主要包括以下几种：

1. 关键件、重要件。

2. 质量不稳定的项目。

3. 装配后不易检验的项目（隐蔽件）。

（三）试验

主要包括可靠性试验、静态试验、动态试验、型式试验等。

监督检验机构应根据产品特点，编制产品的监督检验细则，明确监督检验项目、要求、方法和时机。

三、监督检验的一般形式和方法

（一）组织形式

1. 独立型

这种形式的监督检验是由监督检验机构独立进行全部监督检验工作（包括所有测量、测试和试验），并作出结论。

独立型监督检验并不排斥生产单位有关人员参与，但生产单位的参与只是起配合和辅助作用。这种形式的监督检验要求监督检验人员要熟练掌握产品的操作方法及检测、测试器具的使用方法。当监督检验中发现质量问题时，要保护好现场，及时通知施工单位，以便进行分析处理。

2. 合验型

对破坏性的或从经济上考虑不宜重复进行的检验，监督检验机构的检验可与生产单位的检验、试验工作合并进行。

需要指出的是，①监督检验机构对试验结论具有最终决定权；②合验并不能减轻生产单位的责任，对于合验中出现的质量问题，其责任仍属生产单位。监督检验机构人员要坚持试验标准，严格控制试验条件，应同独立检验一样，仍要考核检验一次合格率。

（二）监督检验的方法

监督检验根据产品阶段的不同分为过程检验和最终检验，根据检验样品的数量分为全数检验和抽样检验两种方法。

对于特种设备的过程检验有全数检验和抽样检验，最终检验都采用全数检验。

1. 全数检验

对生产单位生产出的成品实行逐件检验，称为全数检验。

全数检验，可以根据产品质量情况，对每一件产品按图样和技术文件以及国家标准、技术规范要求逐项检验，也可以对每一件产品的重要项目或质量不稳定的项目抽项检验，其特点是合格一件放行一件。

全数检验适用于以下情况。

①检验是非破坏性的。

②检验费用少。

③检验项目少。

④影响整机质量的重要特性项目。

⑤产品质量尚不稳定。

⑥单件生产的产品。

⑦首批生产的产品。

⑧能够应用自动化方法检验的产品。

对产品进行全数检验，应按照产品图样、技术文件、国家标准和检验规范执行。

一般来说，全数检验有利于保证产品的质量，有效地防止不合格产品流向社会。但它不利于生产单位的质量保证能力和生产效率的提高。

2. 抽样检验

抽样的特点是根据少量样品的检验结论做出整批产品是否合格的决定，它是建立在数理统计基础上的一种科学方法。

抽样检验适用于以下情况。

①检验是破坏性的。

②期望节省检验费用。

③产品数量大。

④检验项目多。

⑤产品结构简单。

⑥产品质量稳定。

对于抽样检验需要把握两点。第一，必须保证样本能够反映整批产品的实际质量水平；第二，需要制定一个科学的抽样方案，以便在减小检验误差与风险率、真实反映产品质量与降低成本方面达到最优。

四、监督检验程序

为了克服监督检验的随意性，防止外部对监督检验的干扰，确保产品监督检验工作质量，监督检验工作必须标准化、制度化、规范化。

（一）受理

施工单位报检的产品，必须由检验机构办理监督检验手续，监督检验受理时一般应符合下列条件。

①申报的产品在监督检验范围内。

②申报的资料齐全、完整、清晰。

③施工过程中的质量问题已处理完毕。

④提交的产品已通过自检合格。

⑤提供的现场检验条件符合要求。

经过受理资料审查，确认符合要求后予以受理。对于不符合提交条件的，不予受理。

（二）监督检验的实施

第一，在施工单位检验合格的产品中按规定抽取样品，或全数检验。

第二，按照图样、技术文件、国家标准、检验规范进行检验与试验，并做好记录。

第三，评定结果。监督检验人员在监督检验、试验完毕后，应做出产品合格与否的结论。对于不合格的产品，监督检验人员应将不合格的理由通知施工单位，并监督其采取纠正措施。施工单位必须认真分析原因，采取纠正措施并消除质量问题，产品经验证合格后才可以重新办理申请复验手续，监督检验机构可重新实施监督检验。

第四，签署监督检验合格证书。在检验合格后，由监督检验人员按规定填写监督检验合格证书并签章，经审核、监督检验机构负责人批准后，加盖监督检验机构公章或检验专用章。

特种设备产品采用一个产品一个监督检验证书，不得一机多证或一证多机。

第三节　定期检验

定期检验是根据产品的性能特点对产品或设备在寿命周期内进行的监督检验。因此，定期检验分为定期自检和定期验证性检验，定期验证性检验通常是法定的定期检验。

一、定期自检

定期自检是设备的使用者或管理者为了保证其处于安全运行状态的一种措施，是按照产品技术文件或国家强制规范、标准要求进行的周期性检验。

对于特种设备的自检是由设备使用者组织进行的一种检验。其检验的依据主要包括维护保养单位的作业文件、产品技术资料、国家强制性的规范和标准、地方的相关规定等。使用者可以将定期自检工作委托给设备的维护保养单位，或其他有资质的维护保养单位也可以委托给不对该设备进行法定检验的专业检验机构。

二、定期检验

定期检验也称为验证性定期检验，是为了验证使用单位的管理质量、维护保养单位的工作质量以及在用设备的质量进行的一种验证性的检验。这种定期检验必须在使用或维护保养单位自行检验合格的基础上进行，是为了防止和减少在用特种设备事故的一种强制性检验。

（一）定期检验对使用和维护保养单位的要求

1. 检验项目

使用单位和维护保养单位的自检检验报告项目完整，符合相关要求；自检报告的格式，必须是维护保养单位或者使用单位体系文件中要求的格式。

2. 检验结果

自检报告中所有的检验项目的结论必须合格。

3. 保养记录

按照产品技术文件和国家规范或标准对设备进行维护保养，每次维护保养记录清楚地记载了维护保养的日期、项目、内容等；

4. 管理制度

使用单位的各项关于特种设备的管理制度必须张贴在显著位置，并进行落实。

（二）对定期检验的工作要求

1. 审核申报资料

对提供的自检报告与实物进行核对，是否属于该设备的自检报告；审查自检报告的格式与内容是否完整、准确，其判定结论是否全部合格。

2. 实施现场检验

根据提供的自检报告和检验机构的检验细则，确定需要进一步验证的检验项目，根据需要验证的检验项目实施检验。

3. 综合结论判定

根据日常维护保养记录、自检报告和实施检验的情况

对检验结果和维护保养质量进行综合的判定。判定主要从两个方面进行。一是设备本身的质量状况和安全性；二是使用单位和维护保养单位的质量体系运转的有效性。

4. 出具检验报告、意见通知书、检验案例

根据综合判定结果出具检验报告、《检验意见通知书》或检验工作案例。若需要出具《检验意见通知书》时，要明确整改的项目、内容、时间要求等。对于检验不合格的设备还应出具《检验工作案例》，明确存在问题的部位，问题产生的原因及整改意见和建议。

第四节　检验结论

检验结论是检验者依据产品质量标准，针对产品的物理性能、化学性能、使用功能、有效成分含量以及其他技术指标，进行检验检测、试验后得出的评价和判定结果。结果判定是一项综合性比较强的工作，是检验报告编制者依据现场的检验记录判定设备满足规定要求的程度。检验结论是对产品质量状况的客观、真实、科学地

反映。

一、检验结论的分类

检验结论按照检验的项目可分为单项判定结论和综合判定结论两种。

检验结论按照检验结果的性质分为合格、不合格两种。为了使得检验过程更加明确，也有的将检验结论分为合格、不合格、复检合格、复检不合格四种。特种设备的检验一般都采用后者。

在日常的检验中，检验记录经常会出现单项检验结果为“无此项”。因此，在检验报告中经常出现该检验项目的检验结论也为“无此项”，这是因为所采用的检验记录和检验报告没有针对具体的产品特点进行设计造成的。这种情况在特种设备的检验工作中经常出现。

二、检验结论的判定

检验结论的判定必须以规定的要求为依据。规定的要求随着时间、环境以及设备的不同而改变，特别是在进行综合判定时必须针对具体的问题具体分析。

（一）功能性项目的判定

功能性项目也称为定性要求项目。功能性判定是设备必须具有该功能，并且功能有效，则判定为“合格”。对于功能性要求的项目，首先，判定设备是否必须具备该功能。若该设备应该具备该功能，而设备没有设置，则检验结果应为“无”或“不符合”，检验结论判定为“不合格”。若该设备不应该设置该项目，则检验结果应为“无此项”，检验结论为“合格”。其次，进行功能有效性检验，如果功能满足要求，则判定为“合格”，否则判定为“不合格”。也就是，按照规定要求设备应该具备的功能必须具备，并且功能满足要求时，则检验结论判定为“合格”；如果应该具备的功能没有，或功能不满足要求，则判定为“不合格”。

（二）性能性项目的判定

性能性项目也称为定量要求项目。性能性判定是设备的性能指标满足固有特性的能力，满足固有特性，则判定为“合格”，否则判定为“不合格”。对于设备的性能一般都有具体的数据要求，可以根据实际的检验数据是否在要求的范围内进行判定。如果在范围要求内，则判定为“合格”；否则判定为“不合格”。

（三）质量保证体系运转情况的判定

质量保证体系运转的判定结论为运行正常（或运行有效）与不正常两种，运行正常（或有效）的情况下允许有整改或改进项目。质量保证体系运转是否有效的判定，就是对设备使用、安装和维护保养单位质量保证体系落实情况的一种定性要求，其判定依据是设备使用、安装和维护保养单位的质量保证体系文件以及相关标准的要求。

对使用、安装和维护保养单位的质量保证体系的运转得出“不正常”结论时，必须经过检验机构核实后再反馈至相关单位或部门。检验人员无权直接判定使用、安装和维护保养单位的质量保证体系运转“不正常”的结论，只有建议权。

（四）综合结论的判定

综合判定是根据单项判定结论对设备的整个状况，包括使用、安装、维护保养单位质量保证体系运行的有效性满足规定要求的程度的判断。

一般来讲，当所有的单项结论为“合格”时，综合判定结论为“合格”；当单项结论中有“不合格”时，根据规定的判定条件要求进行综合判定结论为“合格”或“不合格”。但是，也不尽然是这样的，也存在当单项结论均“合格”时，综合判定结论“不合格”的现象。此种情况出现的主要原因在于设备在部件或机构方面存在不匹配的问题，这也是在进行综合结论判定时容易忽视的方面。

三、对检验结果中出现“无此项”的界定

根据目前特种设备的结构形式和性能特点，每一类型的特种设备都有其共性，也有其特殊性。当检验机构在规范检验行为时，对于同一类型的设备都采用统一制式的记录格式，而不可能根据每台设备编制检验记录，也就是说，检验机构不可能根据每台设备的具体特点编制检验；记录。加之，所采用的检验报告都是国家部门规定的制式格式。因而，大部分情况下，在记录和报告中出现“无此项”是必然的，也是无法避免的。

在检验结果中出现“无此项”就意味着设备本身无该项功能和要求。如果与设备有关的规定、规范和要求中，对相应的功能有明确的要求，那么，在检验结果中就不能出现“无此项”，而应该是“符合”或“不符合”，在检验结论的判定中，应为“合格”或“不合格”。

对于规定、规范和要求中，没有强制规定的检验项目，必须根据设备本身的具体情况，判定该项检验结果是否为“无此项”。

第五节　检验仪器设备

检验仪器设备是检验工作的必备工具，也是检验数据采集、处理获取结果不可少的设备，用仪器检验是检验工作的必要手段，也是科学地获得数据的方法。因此，检验仪器的选择和使用在检验工作中有着很重要的地位，起着很重要的作用。

检验离不开仪器，不用仪器进行的检验属于经验型检验，其结果的科学性、可信性就有很大的质疑，检验通过的产品质量及安全性将难以保证。

一、仪器在检验中的作用

用仪器检验是检验工作的手段，用数据说话的检验工作具有很强的说服力。检验仪器设备在检验工作中的作用具体表现在以下几方面：

第一天，仪器是检验工作的主要手段。检验离不开仪器，离开仪器进行检验是盲目的检验，属于经验检验，无法获取真实、可信的数据，检验结果无法追溯和复现。

第二，用仪器检验可以降低劳动强度，提高工作效率。

第三，用仪器检验具有科学性。

第四，用仪器检验有利于质量分析，可以不断地提高产品的质量。

第五，用仪器检验有助于区别产品质量的优劣。

二、检验仪器设备的选取

检验仪器设备选取不但决定了检验工作的效率，而且影响到检验结果的可信性。因此，检验仪器设备必须经过科学地分析，在科学分析的基础上选取合适的检验仪器设备。

一般在检验仪器设备选取时要遵循下述原则：

第一，环境适应性。选取的检验仪器设备必须适合被测产品的环境，有使用环境要求的检验仪器设备必须在特定的环境中使用，以确保测量数据的准确性和检验结果的正确性。如使用温度、湿度、气压、高度、振动、电磁环境等要求。

第二，精度要求。检验使用的仪器设备精度要求高于被测产品精度要求的一个数量级，坚决不能选取精度低的仪器设备检验精度要求高的产品。在检验仪器设备选取时，并不是检验仪器设备的精度越高越好。精度过高，一方面带来要操作难度的增加和检验时间的浪费；另一方面也带来检验成本的增加。

第三，经济性。并不是价格高的检验仪器设备就好，要根据被检验产品的性质、精度要求，经过费用与效能分析，科学地选取经济性好的检验仪器设备。

第四，实用性。选用的检验仪器设备重在使用，因此，要突出实用性。根据检验仪器设备的功能分为综合型、单一型、组合型；按照结构形式分为电子式、机械式、机电式、光电式等。根据不同的情况，选取不同的检验仪器设备，以达到简单实用的目的。

三、检验仪器设备使用

检验仪器设备的使用决定了检验数据的可信性，影响到检验结果的真实性，关系到产品质量的优劣，进而影响到整个寿命过程中的可靠性、安全性。因此，检验仪器设备的正确使用十分重要。一般地，在选定好检验使用的仪器和设备后，在使用仪器和设备进行检验时必须符合以下要求：

第一，查看选用的仪器设备是否在计量检定周期内。

第二，进一步检查要用的仪器设备是否属于限用仪器设备，属于限用仪器设备的，不能使用限止使用的范围、档位等，必须选用有效的档位、范围。

第三，仪器架设。仪器设备的架设必须严格按照仪器设备的使用要求进行操作。

第四，仪器设备的开机、校零。不仅电子式仪器设备在使用前要进行校零工作，而且这也是机械式仪器设备在使用前必不可少的步骤和环节。有的电子式仪器设备不属于即开即用型，可能还需要一定的预热时间，待预热时间达到后再进行校零工作。

第五，检验检测。按照仪器的操作规程，进行操作和读取数据。

第六，仪器设备的关机、收放。电子式仪器设备在使用完成后，要按照关机顺序进行关机，有延迟关机要求的必须延迟关机。对于机械式仪器设备，在使用完成后，要按照要求进行防护，收于仪器设备箱内。

第六节　监督检验规则

监督检验机构为了保证监督工作的质量和有效性，就必须有一套适合自己并便于操作的文件化的依据，这就是监督检验细则。一般情况下，将监督检验工作分为监督工作和检验工作。为了工作的方便性，针对性，将监督检验文件化的依据分为监督细则和检验细则。

一、监督细则的编制

监督细则是对特种设备研制、生产、安装、改造、使用等全寿命全过程环节中，影响特种设备形成过程和质量保持主体的质量体系运行状况及特种工艺、关键工序过程进行监督的文件。

（一）监督细则包含的内容

监督细则一般包括以下几个部分：

①目的。也就是编制该监督细则的目的和意义。

②适用范围。是指本细则适用于哪种型号、规格，哪一类，哪个企业的特种设备。

③编制依据。编制监督细则必须依据的国家颁布检验规则（程）、产品标准、产品质量状况的变化等。

④引用标准。编制监督细则时所引用的国家标准、部级标准、行业标准等。编排顺序为国家安全技术规范、国家标准、部级标准、行业标准、企业标准等。

⑤监督点的设置、监督内容、监督要求、监督方法及监督的时机（或频次）等。

⑥监督信息的处理及传递。

其中，⑤部分是监督细则编制工作的重点。

监督工序监督项目监督场所及监督时机技术要求监督方法仪器、设备备注

（二）监督细则的编制要求

1. 对适用范围的编制要求

一套监督细则只适用于某一企业的某种产品，这样更有针对性和操作性。

2. 监督方法、监督时机、监督节点及频次的要求

在编制监督方法时，可以是一种也可以是多种，这样的《监督细则》就有更强的操作性和针对性。

监督时机根据影响产品质量的特性来定。用于预防性监督采用的是事前监督。对于过程质量监督一般采用的是事中监督和事后监督。事中监督也有一定的预防性，事后监督只是一种验证性的工作。

在监督方法中要明确每种监督方法的具体内容和要求。

3. 签署要求

监督细则属于监督检验机构质量体系中文件化的组成部分，监督细则必须履行编制、审核、标准化审核、批准四级审签手续。

编制和审核主要是对编制内容的完整性、正确性负责；标准化审核主要负责编制的格式是否符合相应的规定，监督内容的要求及结果的处理是否符合相关标准化的规定要求。

监督细则在编制完成后，检验机构可以组织相关的专家进行评审的方式进行确认，评审通过后方可发布实施。在监督细则发布后要将监督细则的控制点告诉施工单位，以便配合监督工作。需要时，还要将《监督细则》报监督检验机构的上级管理部门备案。

（三）监督细则的更新

监督细则的监督内容与控制点的设置是根据设备、企业和时间的不同而需要不断地更新修改。一般地，监督细则每年或间隔一定的时间，根据监督的对象和质量的变化进行修订和更新。以使监督具有针对性，更切合实际，更具有操作性。

二、检验细则的编制

“检验细则”又称检验工艺，它是检验人员进行现场检验工作的依据。检验细则的编制，要注重“实”和“细”，也就是，编制的检验细则，要具有很强的操作性和针对性，避免二义性的理解。这是编制检验细则的基本要求。

检验细则是将检验规则（程）中引用的国家、行业技术标准的要求，结合本机构人员的素质、仪器设备，将检验规则（程）中引用的国家、行业技术标准内容变得更具体、更具有操作性。

（一）检验细则包含的内容

检验细则一般包括以下几个部分：

①目的。也就是编制该检验细则的目的。

②适用范围。是指本细则使用于哪种型号、规格或哪一类的特种设备。

③编制依据。编制检验细则依据的国家颁布的《检验规则（程）》、产品标准等。

④引用标准。编制检验细则时所引用的国家标准、部级标准、行业标准等。编排顺序为国家安全技术规范、国家标准、部级标准、行业标准、企业标准等。

⑤检验内容、检验要求、检验方法、操作步骤、检验仪器设备、结果判定及数据处理等。

⑥综合结论的判定及处理。

⑦检验过程中问题的处理。

其中，第⑤部分是检验细则编制工作的重点。

（二）检验细则的编制要求

1. 对适用范围的编制要求

一套检验细则只适用于一种型号设备，这样更有针对性和操作性，就不会有取舍项目的存在。但是，由于特种设备的特殊性，这样编制的检验细则就会很多。一般情况下，都是采用同一类结构特征相近的特种设备编制一个通用的检验细则，但这样在操作上就存在项目取舍的问题。

2. 检验方法的编制要求

在编制检验方法时，可以是一种也可以是多种，这样的检验细则有更强的操作性和针对性。

在使用多种检验方法时，一是要明确检验方法选择的顺序；二是在检验方法中要明确每种检验方法的操作步骤。

3. 签署要求

检验细则属于检验机构质量体系中文件化的组成部分，《检验细则》必须履行编制、审核、标准化审核、质量会签、批准等审签手续，其中编制、审核、批准三级审签是必须的。

编制和审核主要是对编制内容的完整性、正确性负责；标准化审核主要是看编制的格式是否符合相应的规定，检验内容的要求及结果的处理是否符合相关标准化的规定要求；质量会签主要是对是否能满足质量控制要求。

《监督检验细则》在编制完成后，检验机构要组织相关专家进行评审确认，评审通过后方可发布实施。需要时，还要将《监督检验细则》报监督检验机构的上级管理部门备案。

（三）检验细则的更新与修订

当检验机构的人员、仪器设备，检验规程、标准发生变化时，就要对检验细则进行更新和修订。检验规程、标准变化时主要是对检验的项目内容和技术要求进行修订。当检验机构的人员、仪器设备发生变化时，主要是对检验方法进行修订。

三、监督细则与检验细则

检验细则和监督细则都是监督检验人员工作的依据，在特种设备的质量监督和监督检验工作中，经常是将二者合一，称为监督检验细则（或工艺）。而实际上这两个细则的侧重既存在着很大的不同点，也有很大的联系。

（一）监督细则与检验细则的区别

监督细则主要是适用于产品制造（含安装）质量的过程控制，是通过控制产品形成过程中的质量来达到获得合格产品的目的。它是一种事前和事中把关的措施，它能及时发现产品形成过程中的不合格。监督细则在编制、审批完成后要告知监督对象，是在监督过程中需要监督对象予以配合的质量控制文件。

检验细则是一种事后把关的措施，一般适用于产品的最终检验，也适合关键过程控制点的检验。它是检验机构根据检验规则、产品标准、产品图样和技术文件等制定的检验文件。

（二）监督细则与检验细则的联系

监督细则和检验细则的终极目标都是一致的，都是保证出厂产品的质量、在用产品的质量符合相关要求。监督细则是过程监督时检验人员的一种操作文件，其质量控制的方法是检验机构检验工作前伸的一种体现，它的实施能更好地为最终的检验打下一个良好的基础，是保证产品（或设备）的内在质量和质量一致性的前提。

检验细则是一种传统的产品质量把关的文件，是检验人员从事检验工作必不可少的文件之一。在某种程度上，检验细则是监督细则的有效验证，只有两者相互的补充才能起到良好的作用，达到更有效提高产品质量的目的。

（三）监督细则与检验细则的实施

目前，将特种设备的检验分为监督检验和定期检验，而实际上从质量监督的角度出发，检验机构目前的检验都属于监督检验的范畴。监督检验分为定期监督和不定期的监督检验。因此，定期检验属于监督检验的一种。

监督细则不只是针对特种设备的制造和安装过程，而且也针对特种设备使用的全过程。在特种设备使用过程中的监督细则，主要侧重于维护保养单位和使用单位的工作质量方面的监督以及实物质量的监督验证。

检验细则在特种设备的全寿命周期过程中都要用到，其根本就是只对实物的质量进行检验。

监督的结果和实物检验的结果共同组成特种设备质量的符合性结论。只有这样的结论才是比较客观、科学、合理的检验结论。只经过实物的质量就对在用设备下结论是比较片面的，存在的问题是没有很好地对日常维护保养的质量和使用过程中的质量做出一个客观真实的评价。

监督细则和检验细则是一个问题的两个方面，不能有所偏废，必须严格执行。这两个细则是一个互相弥补、互相补充的关系。只有将两者的作用得到很好的发挥，才能保证特种设备质量的一致性，才能保证特种设备质量的不断提高，才能保证在用特种设备质量的保持，以达到降低事故风险的目的。

第二章　无损检测

第一节　射线检测

射线的种类很多，其中易于穿透物质的有 X 射线、γ 射线、中子射线三种。这三种射线都被用于无损检测，其中 X 射线和 γ 射线应用于锅炉压力容器压力管道焊缝和其他工业产品、结构材料的缺陷检测，而中子射线仅用于一些特殊场合。

射线检测是工业无损检测的一个重要专业门类。射线检测最主要的应用是探测试件内部的宏观几何缺陷（探伤）。按照不同特征（例如使用的射线种类、记录的器材、工艺和技术特点等）可将射线检测分为多种不同方法。

射线照相法是指 X 射线或 γ 射线穿透试件，以胶片作为记录信息的器材和无损的检测方法，该方法是应用最广泛的一种最基本的射线检测方法。本节主要介绍射线照相法。

一、射线检测原理

1. X 射线和 γ 射线性质

X 射线和 γ 射线与无线电波、红外线、可见光、紫外线等属于同一范畴，都是电磁波，其区别是波长不同及产生方法不同。X 射线和 γ 射线具有在真空中以光速直线传播；本身不带电、不受电场和磁场的影响；在媒质界面上发生漫反射；可以发生干涉和衍射；不可见，能够穿透可见光不能穿透的物体；在穿透物质过程中，会与物质发生物理和化学作用；具有辐射生物效应，能够杀伤生物细胞等性质。

X 射线是在从 X 射线管中产生的，X 射线管是一个具有阴阳两极的真空管，阴极是钙制灯丝，阳极是金属制成的靶。灯丝加热后放出大量电子；在阴阳两极之间加有很高的电压时，从阴极高速飞向阳极撞击金属靶，从阳极金属靶上会产生 X 射线。提高管电压时波长短，压越高平均波长越短，且能量高，穿透物质时衰减少且穿透力强的射线。反之，管电压低，长且能量低，平均波长较长而难于穿透厚物体的射线。

X 射线的强度相当于光的亮度，连续 X 射线的强度大致与管电压的平方、管电流的大小成正比。另外，X 射线强度发生变化。

γ 射线是从放射性同位素的原子核中放射出来的。原子核是由质子和中子所构成，质子数和中子数的总和叫作原子核质量数。

射线还有一个重要性质，就是能使胶片感光。当 X 射线或、射线照射胶片时，与普通光线一样，能使胶片乳剂层中的卤化银产生潜象中心，经过显影和定影后就黑化，接收射线越多的部位黑化程度越高，这个作用称为射线的照相作用。因为 X 射线或 γ 射线使卤化银感光作用比普通光线小得多，所以必须使用特殊的 X 射线胶片。这种胶片的两面都涂敷了较厚的乳胶。此外，还使用一种能加强感光作用的增感屏。增感屏通常用铅箔做成。

为了表示底片的黑化程度，采用了称为底片黑度这个名词。底片的黑度是这样定义的：如果用光强为 L_0 的光线照射底片，透过底片后的光强为 L，则黑度 D 由下式决定：

$$D = \lg\left(L_0/L\right)$$

二、射线检测设备

射线照相设备可分为：X 射线探伤机；高能射线检测设备（包括直线加速器、回旋加速器）；γ 射线探伤机三大类。X 射线探伤机管电压在 450kV 以下。由高能加速器产生的射线的能最为 1～24MeV。γ 射线探伤机的射线能量取决于放射性同位素。三类射线检测设备分别叙述如下：

（1）X 射线探伤机 X 射线探伤机可分为携带式，移动式两类。移动式 X 射线机用于透照室内的射线检测。移动式 X 射线机具有较高的管电压和管电流，管电压可达 450kV，管电流可达 20mA，最大穿透厚度可达 100mm，它的高压发生装置、冷却装置与 X 射线机头都分别独立安装。X 射线机头通过高压电缆与高压发生装置连接，机头可通过带有轮子的支架在小范围内移动，也可固定在支架上。携带式 X 射线机主要用于现场射线照相，管电压一般小于 320kV，穿透厚度约 50mm。其高压发生装置和射线管在一起组成机头，通过低压电缆与控制箱连接，X 射线机主要组成部分包括机头、高压发生装置、供电及控制系统、冷却和防护设施四部分。

（2）高能射线检测设备为了满足大厚度工件射线检测的要求，20 世纪 40 年代以来，设计制造了各种高能 X 射线检测装置，使对钢件的 X 射线检测厚度扩大到 500mm。它们是直线加速器、电子回旋加速器。其中直线加速器可产生大剂量射线，效率高，透照厚度大，目前应用最多。

（3）γ 射线探伤机，γ 射线探伤机因射线源体积小，不需电源，可在狭窄场地、高空、水下工作，并可全景曝光等特点，已成为射线检测重要的和广泛使用的设备。

但使用γ射线探伤机必须特别注意放射防护和放射同位素的管理。

γ射线机由射线源、源容器、操作机构、支撑和移动机构四部分组成。常用）源有Co60、Ir192、Se75三种。源由不锈钢外壳严密封装，源与操作机构用导索连接，通过电动与手动机构拖动导索进退，实现对源由源容器到工作传递。源容器的作用是屏蔽，使处于非工作状态的源不会对人体和照相工作产生影响，用铅（Pb）或贫化铀（U238）制成。用贫化铀可大大减轻源容器重量。为确保使用和运输安全，在容器上设置有闭锁装置，当源置于容器内时，不开锁源无法出来，以避免事故的发生。操作、支撑、移动机构操作机构的作用是将源推至工作位置或送回容器中。活度较大的源，一般有机械和电动两套操作机构。电动操作可在远离源的地方使用和操作，有源位指示灯和延时装置；手动操作可在无电源场合使用，也可远距离操作。移动和支撑机构的作用是承载射线源容器，调整和固定射线源的工作位置。它们虽然是γ射线探伤机的辅助性装置，但对于提高效率、方便操作、降低劳动强度，是十分必要的。

三、射线照相工艺要点

（1）照相操作步骤，一般把被检的物体安放在离X射线装置或、射线装置50cm到1m的位置处，把胶片盒紧贴在试样背后，让射线照射适当的时间（几分钟至几十分钟）进行曝光。把曝光后的胶片在暗室中进行显影、定影、水洗和干燥。将干燥的底片放在观片灯的显示屏上观察，根据底片的黑度和图像来判断存在缺陷的种类、大小和数量。随后按通行的标准，对缺陷进行评定和分级。以上就是射线照相探伤的一般步骤。

（2）透照方式，按射线源、工件和胶片之间的相互位置关系，透照方式分为纵缝透照法、环缝外透法、环缝内透法、双壁单影法和双壁双影法五种。其中双壁单影法用于小直径的容器或大口径管子焊缝，双壁双影法用于 100mm以下管子对接环焊缝。

四、射线的安全防护

射线具有生物效应，超辐射剂量可能引起放射性损伤，破坏人体的正常组织出现病理反应。辐射具有积累作用，超辐射剂量照射是致癌因素之一，并且可能殃及下一代，造成婴儿畸形和发育不全等。由于射线具有危害性，所以在射线照相中，防护是很重要的。

辐射剂量是指材料或生物组织所吸收的电离辐射量，它包括照射量（单位为库每千克，C/kg）、吸收剂量（单位为戈，Gy）、剂量当量（单位为希，Sv）。我国对职业放射性工作人员剂量当量限值做了规定：从事放射性的人员年剂量当量限值为50mSv。

射线防护，就是在尽可能的条件下采取各种措施，在保证完成射线检测任务的同时，使操作人员接受的剂量当量不超过限值，并且尽可能地降低操作人员和其他人员的吸收剂量。主要的防护措施有以下三种：屏蔽防护、距离防护和时间防护。

屏蔽防护就是在射线源与操作人员及其他邻近人员之间加上有效合理的屏蔽物来降低辐射的方法。屏蔽防护应用很广泛，如射线探伤机体衬铅，现场使用流动铅房和建立固定曝光室等都是屏蔽防护。

距离防护是用增大射线源距离的办法来防止射线伤害。因为射线强度P与距离R的平方成反比，即$P_2=P_1R_1^2/R_2^2$。所以在没有屏蔽物或屏蔽物厚度不够时，用增大射线源距离的办法也能达到防护的目的。尤其是在野外进行射线检测时，距离防护更是一种简便易行的方法。

时间防护就是减少操作人员与射线接触的时间，以减少射线损伤的防护方法。因为人体吸收射线量是与人接触射线的时间成正比的。

以上三种防护方法，各有其优缺点，在实际检测中，可根据当时的条件选择。为了得到更好的效果，往往是三种防护方法同时使用。

五、射线检测优点和局限性

（1）检测结果有直接记录一底片由于底片上记录的信息十分丰富，且可以长期保存，从而使射线照相法成为各种无损检测方法中记录最真实、最直观、最全面、可追踪性最好的检测方法。

（2）可以获得缺陷的投影图像，缺陷定性定量准确各种无损检测方法中，射线照相对缺陷定性是最准的。在定量方面，对体积形缺陷（气孔、夹渣类）的长度、宽度尺寸的确定也很准，其误差大致在零点几毫米。但对面积形缺陷（如裂纹、未熔合类），如缺陷端部尺寸（高度和张口宽度）很小，则底片上影像尖端延伸可能辨别不清，此时定量数据会偏小。

（3）体积形缺陷检出率很高，而面积形缺陷的检出率受到多种因素影响体积形缺陷是指气孔、夹渣类缺陷。一般情况下，射线照相大致可以检出直径在试件厚度1%以上的体积形缺陷，但在薄试件中，受人眼分辨率的限制，可检出缺陷的最小尺寸大致在为0.5mm左右。面积形缺陷是指裂纹、未熔合类缺陷，其检出率的影响因素包括缺陷形态尺寸、透照厚度、透照角度、透照几何条件、源和胶片种类、像质计灵敏度等。由于厚工件影像细节显示不清，所以一般来说厚试件中的裂纹检出率较低，但对薄试件，除非裂纹或未熔合的高度和张口宽度极小，否则只要照相角度适当，底片灵敏度符合要求，裂纹检出率还是足够高的。

（4）适宜检验较薄的工件而不适宜较厚的工件检验厚工件需要高能量的射线探伤设备。300kV便携式X射线机透照厚度一般小于40mm，420kV移动式X射线机和Ir192-γ射线机透照厚度均小于100mm，对厚度大于100mm的工件照相需使用加速器或Co60，因此是比较困难的。此外，板厚增大，射线照相绝对灵敏度是下降的，也就是说对厚工件采用射线照相，小尺寸缺陷以及一些面积形缺陷漏检的可能性增大。

（5）适宜检测对接焊缝，检测角焊缝效果较差，不适宜检测板材、棒材、锻件用射线检测角焊缝时，透照布置比较困难，且摄得底片的黑度变化大，成像质量不够好；射线照相不适宜检验板材、棒材、锻件的原因是板材、锻件中的大部分缺陷与板平行，也就是与射线束垂直，因此射线照相无法检出。此外棒材、锻件厚度较大，射线穿透比较困难，效果也不好。

（6）有些试件结构和现场条件不适合射线照相由于是穿透法检验，检测时需要接近工件的两面，因此结构和现场条件有时会限制检测的进行。例如，有内件的锅炉或容器，有厚保温层的锅炉、容器或管道，内部液态或固态介质未排空的容器等均无法检测。采用双壁单影法透照，虽然可以不进入容器内部，但只适用于直径较小的容器或管道，对直径较大（例如大于1000mm）的容器或管道，双壁单影法透照很难实施。此外，射线照相对源至胶片的距离（焦距）有一定要求，如焦距太短，则底片清晰度会很差。

（7）对缺陷在工件中厚度方向的位置、尺寸（高度）的确定比较困难除了一些根部缺陷可结合焊接知识和规律来确定其在工件中厚度方向的位置外，大多数缺陷无法根据底片提供的信息定位。缺陷高度可通过黑度对比的方法作出判断，但精确度不高，尤其影像细小的裂纹类缺陷，其黑度测不准，用黑度对比方法测定缺陷高度的误差较大。

（8）检测成本高，射线照相设备和透照室的建设投资巨大：穿透能力40mm（钢）的300kV便携式 X 射线机至少需8万元，穿透能力100mm（钢）的420kV移动式 X 射线机至少需60万元，穿透能力100mm（钢）的Ｉr1927射线机至少需6万元，穿透能力大于100mm（钢）的60 Co 7射线机至少需50万元，加速器则需100万元以上。透照室按其面积、高度、防护等级等设计条件的不同，建设费用在数十万乃至数百万元。此外，与其他无损检测方法相比，射线照相的材料成本（胶片、冲洗药液等）、人工成本也是很高的。

（9）射线照相检测速度慢一般情况下定向 X 射线机一次透照长度不超过300mm，拍一张片子需10min，γ 射线源的曝光时间一般更长。射线照相从透照开始到评定出结果需数小时。与其他无损检测方法相比，射线照相的检测速度很慢，效率很低。但特殊场合的特殊应用另当别论，例如周向 X 射线机周向曝光或 γ 射线源全景曝光技术应用则可以大大提高检测效率。

（10）射线对人体有伤害，射线会对人体组织造成多种损伤，因此对职业放射性工作人员剂量当量规定了限值。要求在保证完成射线检测任务的同时，使操作人员接受的剂量当量不超过限值，并且应尽可能地降低操作人员和其他人员的吸收剂量。防护的主要措施有屏蔽防护、距离防护和时间防护。现场照相因防护会给施工组织带来一些问题，尤其是 γ 射线，对放射同位素的严格管理规定将影响工作效率和成本。

第二节 超声波检测

超声波检测主要用于探测试件的内部缺陷，它的应用十分广泛。所谓超声波是指超过人耳听觉，频率大于20kHz的声波。用于检测的超声波，频率为0.4～25MHz，其中用得最多的是1～5MHz。

利用声响来检测物体的好坏，这种方法早已被人们所采用。例如：用手拍拍西瓜听听是否熟了；敲敲瓷碗，看看瓷碗是否坏了等。但这些依靠人的听觉来判断的声响检测法，往往是凭人的经验，而且难于作出定量的表示。超声波检测法是用仪器来进行检测的，比声响法要客观和准确，而且也较容易作出定量的表示。

金属的探测中用的是高频率的超声波。这是因为：超声波的指向性好，能形成窄的波束；波长短，小的缺陷也能够较好地反射；距离分辨力好，分辨缺陷的能力高。

超声波检测方法很多，但目前用得最多的是脉冲反射法。超声信号显示方面，目前用得最多而且较为成熟的是A型显示。下面主要叙述A型显示脉冲反射超声检测法。超声检测方法有通常有穿透法、脉冲反射法、串列法等。

一、超声波检测原理

1. 超声波的发生及其性质

（1）超声波的发生和接收，声波是一种机械波，机械波是由机械振动产生的。工业探伤用的高频超声波，是通过压电换能器产生。压电材料主要采用石英、钛酸钡、锆钛酸铅和偏铌酸铅等。这些材料可以将电振动转换成机械振动，也能将机械振动转换成电振动。

要使压电材料产生超声波，可把它切成能在一定频率下共振的片子，这种片子也叫晶片。将晶片两面都镀上银，作为电极。当高频电压加到这两个电极上时，晶片就在厚度方向产生伸缩（振动），这样就把电振动转换成机械振动了。这种机械振动发生的超声波，可传播到被检物中去。反之，将高频机械振动传到晶片上时，晶片就被振动，在晶片两电极之间就会产生频率与超声波相等、强度与超声波成正比的高频电压。这个高频电压可经放大、检波，并显示在示波屏上，这就是超声波的接收。通常在超声波探伤中只使用一个晶片，这个晶片既作发射又作接收。

（2）超声波的种类，超声波有许多种类，在介质中传播有不同的方式，波形不同，其振动方式不同，传播速度也不同。空气中传播的声波只有疏密波，声波的介质质点振动方向与传播方向一致，称为纵波。在水中也只能传播纵波。可是在固体介质中除了纵波外还有剪切波，又叫横波。因固体介质能承受剪切应力，所以可在其中传播介质质点振动方向和波传播的方向垂直的波。此外，还有在固体介质的表面传播的表面波、在固体介质的表面下传播的爬波和在薄板中的传播板波。它们都可用来检测。

在超声波检测中，通常用直探头来产生纵波，纵波是向探头接触面相垂直的方向传播的。横波通常是用斜探头来发生的斜探头是将晶片贴在有机玻璃制的斜楔上，晶片振动发生的纵波在斜楔中前进，在检测面上发生折射，声波斜射传入被检物中。通常使用的斜探头使斜射到被检物中的折射纵波反射不进入被检物，只有折射横波传入被检工件。

（3）声速，声波在介质中是以一定的速度传播的，如空气中的声速为340m/s，水中的声速为1500m/s，钢中纵波的声速为5900m/s，横波的声速为3230m/s，表面波的声速3007m/s。

声速是由传播介质的弹性系数、密度以及声波的种类决定的，它与频率和晶片没有关系。

（4）波长，波在一个周期内或者说质点完成一次振动所经过的路程称为波长，用入表示。根据频率和波速C的定义，三者有下式关系：$C=f\lambda$。。

例如，在钢中传播的频率为1MHz的纵波的波长为5.9mm，频率为2MHz的波长为2.95mm。如果是横波，则分别为3.2mm和1.6mm。

（5）超声场及其特征量充满超声波的空间叫作超声场，描述超声场的特征量有声压、声强和声阻抗。超声场中某一点在某一瞬时所具有的压强p_1与没有超声波存在时同一点的静态压强p_0之差称为声压p，即$p=p_1-p_0$<单位为帕（Pa）。

在垂直于超声波传播方向上单位面积、单位时间内通过的超声能量称为声强，用I表示（单位为W/m。）。当超声波传播到介质中的某处时，该处原来不振动的质点开始振动，因而具有动能。同时该处的介质也将产生形变，因而也具有位能。超声波传播时，介质由近及远地一层接一层地振动，由此可见能量是逐层传播出去的。

声压p、声强I之间的关系如下式：

$$I=\frac{p_m^2}{2\rho C}$$

式中P_m——声压最大振幅；

ρ——介质密度；

C——声速。

由上式可知声强与声压最大振幅平方成正比、与ρC成反比，而声压与频率成正比。

超声波检测根据缺陷返回的超声信号的声压和声强来判断缺陷大小，超声信号的声压越高，示波屏上显示的回波也就越高，据此判断缺陷的“当量”值也越大。

（6）界面的反射和透射，当超声波传到缺陷、被检物底面或者异种金属结合面，即两种不同声阻抗的物质组成的界面时，会发生反射。

（7）指向性，声束集中向一个方向辐射的性质，称为声波的指向性。检测采用高频超声波，其理由之一就是希望它具有指向性。只有这样，才便于超声波检测发现缺陷，确定缺陷位置。

超声波探头的声场中，在一定角度中包含了大部分的超声波能量，这个角度就叫作指向角（或叫半扩散角）。

频率越高（即波长越短），晶片越大，指向角就越小。目前实际应用的探头，其指向角在几度到十几度的范围内。

（8）近场区与远场区在超声波探头的声场中，按声压变化规律分为近场区和远场区两个区域。靠近探头附近的区域叫近场区。在近场区内，由于波的干涉效应使某些地方声压相互干涉而加强，另一些地方相互干涉而减弱，其结果是声压起伏变化很大，出现许多个声压极大和极小点。声束轴线上最后一个声压极大值至声源的距离称为近场长度，用N表示。N值大小与晶片直径。以及波长有关：

近场区内探测缺陷在定量上会出现误差，声压极大值处即使小缺陷的回波也可能较高，而声压极小值处，有可能发生较大缺陷的回波较低的情况。因此要避免在近场区对缺陷定量。

声场中近场区以外的区域称为远场区，远场区内声束轴线上的声压随距离的增大而降低。

（9）小物体上的超声波反射，当超声波碰到缺陷时，会发生反射和散射。可是，当缺陷的尺寸小于波长的一半时，由于衍射，波就会绕过缺陷传播。这样波的传播就与缺陷的存在与否没有关系了。因此，在超声波检测中，缺陷尺寸的检出极限约为超声波波长的一半。

缺陷的尺寸愈大，愈容易反射。但由于缺陷形状和方向不同，其反射的方式也有所不同。

当超声波垂直地入射到平而状的反射体（如裂纹）时，大部分反射波都返回到晶片，可以得到很高的缺陷回波。可是球形缺陷（如气孔）的反射波，因为是各个方向的反射，回到晶片的反射波较少，所以缺陷回波较低。另外，虽然是平面状缺陷，但如果是倾斜的话，也可能几乎没有反射波返回晶片。从超声波入射面（即检测面）对面，即工件的底面，反射回来的超声波称为底面回波。

2.超声波检测的原理

超声波检测可以分为超声波探测和超声波测厚，以及超声波测晶粒度、测应力等。在超声探测中，有根据缺陷的回波和底面的回波进行判断的脉冲反射法；有根据缺陷的阴影来判断缺陷情况的穿透法；还有根据由被检物产生驻波来判断缺陷情况或者判断板厚的共振法。

目前用得最多的方法是脉冲反射法。脉冲反射法在垂直检测时用纵波，在斜入射检测时大多用横波。把超声波射入被检物的一面，然后在同一面接收从缺陷处反射回来的回波，根据回波情况来判断缺陷的情况。纵波垂直检测和横波倾斜入射检测是超声波探测中两种主要检测方法。两种方法各有用途，互为补充，纵波检测容易发现与探测面平行或稍有倾斜的缺陷，主要用于钢板、锻件、铸件的检测，而斜射的横波检测，容易发现垂直于探测面或倾斜较大的缺陷，主要用于焊缝的检测。

二、试块

（1）试块的用途，在无损检测技术中，常常采用与已知量相比较的方法来确定被检物的状况。例如在射线检测中，是以透度计（像质计）的影像来作为比较的依据。超声检测中是以试块作为比较的依据。试块上有各种已知的特征，例如特定的尺寸，规定的人工缺陷，即某一尺寸的平底孔、横通孔、凹槽等。用试块作为调节仪器、定量缺陷的参考依据，是超声检测的一个特点。超声波检测的发展，一直与试块的研制、使用分不开。

试块在超声检测中的用途主要有三方面：

①确定合适的检测方法。在超声检测中，可以应用在某个部位有某种人工缺陷（平底孔、槽等）的试块来摸索检测方法。在这种试块上摸到的检测规律和方法，可应用到与试块同材质、同形式、同尺寸的工件检测中去。

②确定检测灵敏度和评价缺陷大小。对于不同种类，不同厚度、不同要求的工件，需要不同的检测灵敏度。为了确定检测时的灵敏度，就需要带有各种人工缺陷的试块。用人工缺陷的波高来表示检测灵敏度，这是试块常用的一种方法。为了评价工件中某一深度处缺陷大小，用试块中同一深度各种尺寸的人工缺陷与之相比较，这就是检测中应用的缺陷当量法。

③校验仪器和测试探头性能。通过试块可以测试仪器声或探头的性能，以及仪器和探头连接在一起的系统综合性能。

（2）试块的种类根据试块的用途，可分为三大类：

①调节仪器及测试探头的试块。

②纵波检测用试块，人工缺陷为平底孔。

③横波检测用试块，人工缺陷为横孔。

三、超声波检测工艺要点

（1）检测方法的分类，超声波检测有多种分类方法：按原理来分：有脉冲反射法、穿透法和共振法三种。目前用得最多的是脉冲反射法；按超声波检测图形的显示方式分：有A型显示、B型显示、C型显示等，目前用得最多的是A型显示检测法；按超声波的波形来分，脉冲反射法大致可分为直射检测法（纵波检测法）、斜射检测法（横波检测法）、表面波检测法和板波检测法四种，用的较多的是纵波和横波检测法；按探头数目分类：有单探头法，双探头法，多探头法三种，用得最多的是单探头法；按接触方法分类按接触方法分类有直接接触法和水浸法两种，直接接触是在探头和试件表面之间要涂布耦合剂以消除空隙，让超声波能顺利地进入被检工件，耦合剂可以用机油、水、甘油和水玻璃等；用水浸法时，探头和试件之间有一水层，超声波通过水层传播，探头不接触试件，受表面状态影响不大，可以进行稳定的检测。

（2）基本操作，现将超声脉冲A显示检测操作要点叙述如下：根据要达到的检测目的，选择最适当的检测时机。为减小粗晶粒的影响，电渣焊焊缝应在正火处理后检测；为估计锻造后可能产生的锻造缺陷，应在锻造全部完成后对锻件进行检测。根据工件情况，选定检测方法。对焊缝，选择单斜探头接触法；对钢管，选择聚焦探头水浸法；对轴类锻件，选用单探头垂直检测法。

根据检测方法及工件情况，选定能满足工件检测要求的检测仪去检测。进行超声波检测时，检测方向很重要，检测方向应以能发现缺陷为准，应根据缺陷的种类和方向来决定。例如，轧制钢板中，钢板内的缺陷是沿轧制方向伸展的，因此，采用纵波垂直检测使超声波束垂直投射在缺陷上，这样缺陷回波最大；焊缝检测时，应根据焊缝坡口形式和厚度选择扫查面，决定是从一面两侧还是两面四侧检测。

根据工件的厚度和材料的晶粒大小，合理的选择检测频率。例如，对粗晶的检测，不宜选用高频，因为高频衰减大，往往得不到足够的穿透力。根据检测的对象和目的，合理选用晶片尺寸和折射角。例如，探测大厚度工件要选择大尺寸晶片。又例如，焊缝的单斜探头检测主要用45°～70°的折射角。在板厚大或没有余高时，用小折射角。板厚小或有余高时，用大折射角。

对不合检测要求的检测表面，必须进行适当的修整，以免不平整的检测面影响检测灵敏度和检测结果。耦合剂和耦合方法的选择为使探头发射的超声波传入试件，应使用合适的耦合剂。例如，对粗糙表面进行检测时，应选用黏性大的水玻璃或概糊作耦合剂。手工检测时，为保持耦合稳定，要用手或重物适当压探头（施加约10～20N的力）。为使耦合稳定，在曲面上检测时，探头可装上弧形导块。确定检测灵敏度用适当的标准试块的人工缺陷或试件无缺陷底面调节到一定的波高，确定检测灵敏度。

进行粗检测和精检测为了大致了解缺陷的有无和分布状态，以较高的灵敏度进行全面扫查，称为粗检测。对粗检测发现的缺陷进行定性、定量、定位，就是精检测。

写出检验报告根据有关标准，对检测结果进行分级、评定，写出检验报告。

四、超声波检测优点和局限性

1. 面积形缺陷的检出率较高，而体积形缺陷的检出率较低。从理论上说，反射超声波的缺陷面积越大，回波越高，越容易检出。因为面积形缺陷反射面积大而体积形缺陷反射面积小，所以面积形缺陷的检出率高。对较厚（约30mm以上）焊缝的裂纹和未熔合缺陷检测，超声波检测确实比射线照相灵敏。但在较薄的焊缝中，这一结论不一定成立。

必须注意，面积形缺陷反射波并不总是很高的，有些细小裂纹和未熔合反射波并不高，因而也有漏检的例子。此外，厚焊缝中的未熔合缺陷反射面如果较光滑，单探头检测可能接收不到回波，也会漏检。对厚焊缝中的未熔合缺陷缺陷检测可采用一些特殊超声波检测技术，例如TOFD技术，串列扫查技术等。

2. 适合检验厚度较大的工件，不适合检验较薄的工件。超声波对钢有足够的穿透能力，检测直径达几米的锻件，厚度达上百毫米的焊缝并不太困难。另外，对厚度大的工件检测，表面回波与缺陷波容易区分。因此相对于射线检测来说，超声波更加适合检验厚度较大的工件。但对较薄的工件，例如厚度小于8mm的焊缝和6mm的板材，进行超声波检测检验则存在困难。薄焊缝检测困难是因为上下表面形状回波容易与缺陷波混淆，难以识别；薄板材检测困难除了表面回波容易与缺陷波混淆的问题外，还因为超声波检测存在盲区以及脉冲宽度影响纵向分辨率。

3. 应用范围广，可用于各种试件。超声波检测应用范围包括对接焊缝、角焊缝、T形焊缝、板材、管材、棒材、锻件，以及复合材料等。但与对接焊缝检测相比，角焊缝、T形焊缝检测工艺相对不成熟，有关标准也不够完善。板材、管材、棒材、锻件，以及复合材料的内部缺陷检测超声波是首选方法。

4. 检测成本低、速度快，仪器体积小，重量轻，现场使用较方便。便携式手工检测超声波仪器有模拟式和数字式两种，模拟式仪器（1～2）万元，数字式仪器3～8万元。检测过程消耗材料费用很少。正常情况下，一名检测人员一天能检测数十米焊缝，检测结果当场就能得到。目前数字式仪器的体积只有词典大小，重2～3kg，与射线仪器相比，现场使用要方便得多。

5. 无法得到缺陷直观图像，定性困难，定量精度不高。超声波检测是通过观察脉冲回波来获得缺陷信息的。缺陷位置根据回波位置来确定，对小缺陷（一般10mm以下）可直接用波高测量大小，所的结果称为当量尺寸；对大缺陷，需要移动探头进行测量，所的结果称指示长度或指示面积。由于无法得到缺陷图像，缺陷的形状、表面状态等特征也很难获得，因此判定缺陷性质是困难的。在定量方面，所谓缺陷当量尺寸、指示长度或指示面积与实际缺陷尺寸都有误差，因为波高变化受很多因素影响。超声波对缺陷定量的尺寸与实际缺陷尺寸误差几毫米甚至更大，一般认为是正常的。

近些年来，在超声波定性和定量技术方面有一些进展。例如，用不同扫查手法结合动态波形观察对缺陷定性、采用聚焦探头结合数字式探伤仪对缺陷定量，以及各种自动扫查、信号处理和成像技术等。但是，实际应用效果还不能令人满意。

6. 检测结果无直接见证记录。由于不能像射线照相那样留下直接见证记录，超声波检测结果的真实性、直观性、全面性和可追踪性都比不上射线照相。超声波检测的可靠性在很大程度上受检测人员责任心和技术水平的影响。如果检测方法选择不当，或工艺制订不当，或操作方面失误，便有可能导致大缺陷漏检。此外，对超声波检测结果的审核或复查也是困难的，因其错误的检测结果不像射线照相那样容易发现和纠正。这是超声波检测的一大不足。

有些便携式数字式超声波探伤仪虽然能记录波形，但仍不能算检测结果的直接见证记录。只有做到对检测全过程的探头位置、回波反射点位置，以及回波信号三者关联记录，才能算真正的检测直接记录。不过，近年来发展的自动化数字式超声检测系统，以及带编码器的高级便携式超声波仪器已经能够实现上述要求。

7. 对缺陷在工件厚度方向上的定位较准确。这一条是相对射线照相说的。由于射线照相无法对缺陷在工件厚度方向上定位，射线照相发现的缺陷通常要用超声波检测定位。

8. 材质、晶粒度对检测有影响。晶粒粗大的材料，例如铸钢、奥氏体不锈钢焊缝，未经正火处理的电渣焊焊缝等，一般认为不宜用超声波进行检测。这是因为粗大晶粒的晶界会反射声波，在屏幕上出现大量“草状回波”，容易与缺陷波混淆，因而影响检测可靠性。

近年来，有人对奥氏体不锈钢焊缝超声波检测技术进行了专门研究。结果表明，如果采用特殊的探头（纵波窄脉冲探头）降低信噪比，并制订专门工艺，可以实施奥氏体不锈钢焊缝超声波检测，其精度和可靠性基本上是能够得到保证的。

9. 工件不规则的外形和一些结构会影响检测。例如，台、槽、孔较多的锻件，不等厚削薄的焊缝，管板与筒体的对接焊缝，直边较短的封头与筒体连接的环焊缝，高颈法兰与管子对接焊缝等，会使检测变得困难。

对锻件，一般在台、槽、孔加工前进行超声波检测。管板与筒体的对接焊缝，直边较短的封头与筒体连接的环焊缝一类结构对超声波检测的影响，主要是探头扫查面长度不够。可通过增加扫查面，或采用两种角度探头，或把焊缝磨平后检测等方法来解决。不等厚削薄的焊缝或类似结构的问题，是扫查面不规则。对此可通过改变扫查面，或采用计算法选择合适角度探头和对缺陷定位等方法来解决。

对上述结构无论采用何种方法检测，都必须仔细检查是否做到所有检测区域100%被扫查到。检查可通过计算法或作图法进行。

10. 不平或粗糙的表面会影响耦合和扫查。从而影响检测精度和可靠性。探头扫查面的平整度和粗糙度对超声波检测有一定影响。一般轧制表面或机加工表面即可满足要求。严重腐蚀表面、铸、锻原始表面无法实施检测。用砂轮打磨处理表面要特别意平整度，防止沟槽和凹坑的产生，否则严重影响耦合以及检测的进行。

第三节　磁粉检测

一、磁粉检测原理

自然界有些物体具有吸引铁、钴、镍等物质的特性。我们把这些具有磁性的物体称为磁体。使原来不带磁性的物体变得具有磁性叫磁化。能够被磁化的材料称为磁性材料。磁体各处的磁性大小不同，在它的两端最强。这两端称为磁极。每一磁体都有一对磁极即N极和S极。具有不可分割的特性，即使把磁体分割成无数小磁体，每一个小磁体同样存在N极和S极。

（1）磁场与磁力线如果把两块磁铁的同性磁极靠在一起，两个磁铁之间存在的相斥的力将使磁体分离。而把两个磁体的异性磁极靠近，则两块磁体之间存在的相吸的力将使磁铁靠在一起。这说明磁体周围空间存在有力。我们把磁力作用的空间称为磁场。

为了形象地描述磁场，人们采用了磁力线的概念，并且规定：磁力线密度表示磁感应强度大小，磁力线密度大的地方表示磁感应强度大，磁力线密度小的地方表示磁感应强度小；磁力线方向表示磁场的方向；磁力线永远不会相交；磁力线由磁铁的N极出发经外部空间到达S极，再由S极经磁体内部回到N级，形成闭合曲线。

（2）通电导体产生的磁场当电流通过导体时，会在导体的周围产生磁场。通电导线产生的磁场方向与电流方向的关系可用右手定则来描述。

（3）描述磁场的几个物理量磁场强度H它是表征磁化强度的物理量，其数值大小取决于电流I，I越大，H值也越大。单位：A/m（安培/米）。

（4）铁磁材料的磁化曲线通用B-反曲线来描述铁磁性材料的磁化过程。B-H曲线又称为磁化曲线。

（5）磁粉检测原理铁磁性材料被磁化后，其内部产生很强的磁感应强度，磁力线密度增大几百倍到几千倍。如果材料中存在不连续性（包括缺陷造成的不连续性和结构、形状、材质等原因造成的不连续性），磁力线便会发生畸变，部分磁力线有可能逸出材料表面，从空间穿过，形成漏磁场。漏磁场的局部磁极能够吸引铁磁物质。

由于裂纹中空气介质的磁率远远低于试件的磁导率，使磁力线受阻，一部分磁力线挤到缺陷的底部，一部分穿过裂纹，一部分排挤出工件的表面后再进入工件。如果这时在工件上撒上磁粉，漏磁场就会使磁粉，形成与缺陷形状相近的磁粉堆积。我们称其为磁痕，从而显示缺陷。当裂纹方向平行于磁力线的传播方向

外加磁场强度越大，形成的漏磁场强度也越大；在一定外加工件越易被磁化，材料的磁感应强度越大，漏磁场强度也越大；当缺陷的延伸方向与磁力线的方向时，磁力线的传播不会受到影响，这时缺陷也不可能检出。

（6）影响漏磁场的几个因素外加磁场强度越大，形成的漏磁场强度也越大；在一定外加磁场强度下，材料的磁导率越高，工件越易被磁化，材料的磁感应强度越大，漏磁场强度也越大，当缺陷的延伸方向与磁力线的方向成90°时，由于缺陷阻挡磁力线穿过的面积最大，形成的漏磁场强度也最大，随着缺陷的方向与磁力线的方向从90°逐渐减小（或增大）漏磁场强度明显下降；因此，磁粉检测时，通常需要在两个（两次磁力线的方向互相垂直）或多个方向上进行磁化；随着缺陷的埋藏深度增加，溢出工件表面的磁力线迅速减少，缺陷的埋藏深度越大，漏磁场就越小，因此，磁粉检测只能检测出铁磁材料制成的工件表面或近表面的裂纹及其他缺陷。

二、磁粉检测设备器材

（1）磁力检测机分类，按设备体积和重量，磁力检测机可分为固定式、移动式、携带式三类。固定式检测机最常见的固定式检测机为卧式湿法检测机，设有放置工件的床身，可进行包括通电法、中心导体法、线圈法多种磁化，配置了退磁装置和磁悬液搅拌喷洒装置，紫外线灯，最大磁化电流可达12kA，主要用于中小型工件检测。移动式检测机体积重量中等，配有滚轮，可运至检验现场作业，能进行多种方式磁化，输出电流为3～6kA。检验对象为不易搬运的大型工件。便携式检测机体积小、重量轻；适合野外和高空作业，多用于锅炉压力容器压力管道焊缝和大型工件局部检测，最常使用的是电磁轭检测机。

电磁轴检测机是一个绕有线圈的U形铁心，当线圈中通过电流，铁心中产生大量磁力线，轭铁放在工件上，两极之间的工件局部被磁化。轭铁两极可做成活动式的，极间距和角度可调。磁化强度指标是磁粧能吸起的铁块重量，称作提升力，标准要求交流电磁轭的提升力至少44N，直流电磁轭的提升力至少177N。

（2）灵敏度试片，灵敏度试片用于检查磁粉检测设备、磁粉、磁悬液的综合性能。灵敏度试片通常是由一侧刻有一定深度的直线和圆形细槽的薄铁片制成。

（3）磁粉与磁悬液，磁粉是具有高磁导率和低剩磁的四氧化三铁或三氧化二铁粉末。湿法磁粉平均粒度为2～10μm，干法磁粉平均粒度不大于90μm。按加入的染料可将磁粉分为荧光磁粉和非荧光磁粉，非荧光磁粉有黑、红、白几种不同颜色供选用。由于荧光磁粉的显示对比度比非荧光磁粉高得多，所以采用荧光磁粉进行检测具有磁痕观察容易，检测速度快，灵敏度高的优点。但荧光磁粉检测需一些附加条件：暗环境和黑光灯。

磁悬液是以水或煤油为分散介质，加入磁粉配成的悬浮液。配制含量一般为：非荧光磁粉10～201g/L，荧光磁粉1～3g/L。

三、磁粉检测优点和局限性

1）适宜铁磁材料检测，不能用于非铁磁材料检验。用于制造承压类特种设备的材料中，属于铁磁材料的有：各种碳钢、低合金钢、马氏体不锈钢、铁素体不锈钢、镍及镍合金；不具有铁磁性质的材料有：奥氏体不锈钢、钛及钛合金、铝及铝合金、铜及铜合金。

2）可以检出表面和近表面缺陷，不能用于检查内部缺陷。可检出的缺陷埋藏深度与工件状况、缺陷状况以及工艺条件有关，对光洁表面，例如经磨削加工的轴，一般可检出深度为1～2mm的近表面缺陷，采用强直流磁场可检出深度达3～5mm近表面缺陷。但对焊缝检测来说，因为表面粗糙不平，背景噪声高，弱信号难以识别，近表面缺陷漏检的几率是很高的。

3）检测灵敏度很高，可以发现极细小的裂纹以及其他缺陷。有关理论研究和试验结果表明：磁粉检测可检出的最小裂纹尺寸大约为：宽度1μm，深度10μm，长度1mm，但实际现场应用时可检出的裂纹尺寸达不到这一水平，比上述数值要大得多。虽然如此，在RT、UT、MT、PT四种无损检测方法中，对表面裂纹检测灵敏度最高的仍是MT。

4）检测成本很低，速度快。磁粉检测设备不贵，锅炉压力容器压力管道常用的磁轴式磁粉检测机和用于荧光磁粉检测的黑光灯都只有几千元，用于轴类工件直接通电检测的固定床式大功率检测机也就几万元。至于消耗材料，费用更低，一台大型球罐检测所消耗的材料成本只有几十元。磁粉检测速度很快，例如使用交叉磁轭检测焊缝，每分钟检测速度可达2m左右，轴类工件直接通电检测，完成磁化只需数秒。

5）工件的形状和尺寸对检测有影响，有时因其难以磁化而无法检测。磁粉检测的磁化方法有很多种，根据工件的形状、尺寸和磁化方向的要求，选取合适的磁化方法是磁粉检测工艺的重要内容。磁化方法选择不当，有可能导致检测失败。对不利于磁化的某些结构，可通过连接辅助块加长或形成闭合回路来改善磁化条件。对没有合适的磁化方法且无法改善磁化条件的结构，应考虑采用其他检测方法。

第四节 渗透检测

一、渗透检测原理、分类及特点

（1）渗透检测基本原理，渗透检测的原理是：零件表面被施涂含有荧光染料或着色染料的渗透液后，在毛细管作用下，经过一定时间，渗透液能够渗进表面开口的缺陷中；经去除零件表面多余的渗透液后，再在零件表面施涂显像剂，同样，在毛细管作用下，显像剂将吸引缺陷中保留的渗透液，渗透液回渗到显像剂中；在一定的光源下（紫外线光或白光），缺陷处的渗透液痕迹被显示（黄绿色荧光或鲜艳红色），从而探测出缺陷的形貌及分布状态。

渗透检测操作的基本步骤有以下四个：渗透、清洗、显像、观察。

首先将试件浸渍于渗透液中，或者用喷雾器或刷子把渗透液涂在试件表面。试件表面有缺陷时，渗透液就渗入缺陷。这个过程叫渗透。待渗透液充分地渗透到缺陷内之后，用水或清洗剂把试件表面的渗透液洗掉。这个过程叫清洗。把显像剂喷撒或涂敷在试件表面上，使残留在缺陷中的渗透液吸出，表面上形成放大的黄绿色荧光或者红色的显示痕迹，这个过程叫作显像。荧光渗透液的显示痕迹在紫外线照射下呈黄绿色，着色渗透液的显示痕迹在自然光下呈红色。用肉眼观察就可以发现很细小的缺陷。这个过程叫观察。

在渗透检测中，除上述的基本步骤外，还有可能增加另外一些工序。例如，有时为了渗透容易进行，要进行预处理；使用某些种类显像剂时，要进行干燥处理；为了使渗透液容易洗掉，对某些渗透液要做乳化处理。

渗透检测能检测出的缺陷的最小尺寸，是由检测剂的性能、检测方法、检测操作的好坏和试件表面的状况等因素决定的，不能一概而论。但试验表明，使用好的渗透检测技术与工艺能将深0.02mm、宽0.001 mm的缺陷检测出来。

（2）渗透检测的分类根据渗透液所含染料成分，可分为荧光法、着色法两大类。渗透液内含有荧光物质，缺陷图像在紫外线下能激发荧光的为荧光法。渗透液内含有有色染料，缺陷图像在白光或日光下显色的为着色法。此外，还有一类渗透剂同时加入荧光和着色染料，缺陷图像在白光或日光下能显色，在紫外线下又激发出荧光。

根据渗透液去除方法，可分为水洗型、后乳化型和溶剂去除型三大类。水洗型渗透法所用渗透液内含有一定量的乳化剂，零件表面多余的渗透液可直接用水洗掉。有的渗透液虽不含乳化剂，但溶剂是水，即水基渗透液，零件表面多余的渗透液也可直接用水洗掉，它也属于水洗型渗透法。后乳化型渗透法所用渗透液不能直接用水从零件表面洗掉，必须增加一道乳化工序，即零件表面上多余的渗透液要用乳化剂“乳化”后方能用水洗掉。在溶剂去除型渗透法中，要用有机溶剂去除零件表面多余的渗透液。

按以上两种分类方法，可组合成六种渗透检测方法，即：水洗型荧光渗透检测法；后乳化型荧光渗透检测法；溶剂去除型荧光渗透检测法；水洗型着色渗透检测法；后乳化型着色渗透检测法；溶剂去除型着色渗透检测法。

（3）显像法的种类在渗透检测中，显像的方法有湿式显像、快干式显像、干式显像和无显像剂式显像四种。

湿式显像法是把白色细粉末状的显像材料调匀在水中作为显像剂的一种方法。把试件浸渍在显像剂中或者用喷雾器把显像剂喷在试件上，当显像剂干燥时，在试件上就形成白色显像薄膜，由白色显像薄膜吸出缺陷中的渗透液而形成显示痕迹。这种方法适合于大批量工件的检测，其中水洗型荧光渗透检测法用得最多。但必须注意，缺陷显示痕迹是会扩散的，所以随着时间的推移，痕迹大小和形状会发生变化。

快干式显像法是把白色细粉末状的显像材料调匀在高挥发性的有机溶剂中作为显像剂的一种方法。将显像剂喷涂到试件上，在试件表面快速形成白色显像薄膜，由白色显像薄膜吸出缺陷中的渗透液而形成显示痕迹。这种显像方法，操作简单，在溶剂去除型荧光渗透检测和着色渗透检测法中用得最多。但与湿式显像法一样，随着时间的推移，缺陷显示痕迹也会扩散。因此，必须注意显示痕迹的大小和形状变化。

干显像法是直接使用干燥的白色显像粉末作为显像剂的一种方法。显像时，直接把白色显像粉末喷洒到试件表面，显像剂附着在试件表面上并从缺陷中吸出渗透液形成显示痕迹。用这种方法，缺陷部位附着的显像剂粒子全部附在渗透剂上，而没有渗透剂的部分就不附着显像剂。因此，显像痕迹不会随着时间的推移发生扩散而能显示出鲜明的图像。这种显像方法在后乳化型荧光渗透检测和水洗型荧光渗透检测中用得较多。而着色渗透检测法，其显示痕迹的识别性能很差，所以不适于干式显像法。

显像法无显像剂式显像法是在清洗处理之后，不使用显像剂来形成缺陷显示痕迹的一种方法。它在用高辉度荧光渗透液水洗型荧光渗透检测法中，或者在把试件加交变应力的同时作渗透检测显示痕迹的方法中使用。这种方法与干式显像法一样，其缺陷显示痕迹是不会扩散的。

二、渗透检测工艺要点

1. 各种渗透检测方法的优缺点和应用选择

着色法只需在白光或日光下进行，在没有电源的场合下也能使用。荧光法需要配备黑光灯和暗室，无法在没有电源及暗室的场合下使用。

水洗着色法适于检查表面较粗糙的零件，操作简便，成本较低。该法灵敏度较低，不易发现细微缺陷。水基渗透液着色法适用于检查不能接触油类的特殊零件，但灵敏度很低。后乳化型着色法具有较高灵敏度，适宜检查较精密零件，但对螺栓，有孔、槽零件，以及表面粗糙零件不适用。

溶剂去除型着色法应用较广，特别是使用喷罐，可简化操作，适宜于大型零件的局部检验。溶剂去除型荧光法轻便，适用于局部检查，重复检查效果好，可用于无水源场所，灵敏度较高，成本亦较高。

水洗型荧光法成本较低，有明亮的荧光，易于水洗，检查速度快，适用于表面较粗髓零件，带有螺纹、键槽的零件及大批量小零件的检查。但灵敏度较低，宽而浅的缺陷容易漏检，光洁度高的零件重复检查效果差，水洗操作时容易过洗，荧光液容易被水污染。

后乳化型荧光法具有极明亮的荧光，对细小缺陷检验灵敏度高，能检出宽而浅的缺陷，重复检验效果好，但成本较高，因清洗困难，不适用有螺纹、键槽及盲孔零件的检查，也不适用于表面粗糙零件的检验。

2. 渗透检测操作注意事项

预处理时，要在试件表面上造成充分的湿润条件，以便形成渗透液的薄膜。要充分除去试件表面油脂、涂料、锈蚀和水等影响渗透液渗透的障阻物。要根据渗透液的种类，试件的材质、预计缺陷种类和大小以及渗透时的温度等来考虑确定适当的渗透时间。正常的渗透温度范围为10～50℃，渗透时间不得少于10min。清洗时，只需除去附着在试件表面的渗透液，不要过度清洗，不要使在缺陷中的渗透液流出，而要使其保留下来。采用溶剂清洗时，只能用蘸有溶剂的布或纸擦洗，且应沿一个方向擦拭，不得往复擦拭，不得用清洗剂直接冲洗。干式显像前进行干燥时，要有合适的干燥温度，在尽可能短的时间里有效地完成干燥。

3. 渗透检测的安全管理

渗透检测所用的检测剂，几乎都是油类可燃性物质。喷罐式检测剂有时是用强燃性的丙烷气充装的，使用这种检测剂时，要特别注意防火。它属于消防法规所规定的危险品。因此，必须遵守有关法规规定的贮存和使用要求。

渗透检测所用的检测剂一般是无毒或低毒的，但是如果人体直接接触和吸收渗透液、清洗剂等，有时会感到不舒服，会出现头痛和恶心。尤其是在密封的容器内或室内检测时，容易聚集挥发性的气体和有毒气体，所以必须充分地进行通风。使用有机溶剂，应根据有机溶剂预防中毒的规则，限定工作场所空气有机溶剂的含量。

在规定波长范围内的紫外线对眼睛和皮肤是无害的，但必须注意，如果长时间地直接照射眼睛和皮肤，有时会使眼睛疲劳和灼红皮肤。在检测操作中，必须注意保护眼睛和皮肤。

三、渗透检测的优点和局限性

1）渗透检测可以用于除了疏松多孔性材料外任何种类的材料。工程材料中，疏松多孔性材料很少。绝大部分材料，包括钢铁材料、有色金属、陶瓷材料和塑料等都是非多孔L性材料。所以渗透检测对承压类特种设备材料的适应性是最广的。但考虑到方法特性、成本、效率等各种因素，一般对铁磁材料工件首选磁粉检测，渗透检测只是作为替代方法。但对非铁磁材料，渗透检测是表面缺陷检测的首选方法。

2）形状复杂的部件也可用渗透检测，并一次操作就可大致做到全面检测。工件几何形状对磁粉检测影响较大，但对渗透检测的影响很小。对因结构、形状、尺寸不利于实施磁化的工件，可考虑用渗透检测代替磁粉检测。

3）同时存在几个方向的缺陷，用一次检测操作就可完成检测。为保证缺陷不漏检，磁粉检测需要进行至少两个方向的磁化检测，而渗透检测只需一次检测操作。

4）不需要大型的设备，可不用水、电。对无水源、电源、或高空作业的现场，使用携带式喷罐着色渗透探伤剂十分方便。

5）试件表面粗糙度影响大，检测结果往往容易受操作人员水平的影响。工件表面粗糙度值高会导致本底很高，影响缺陷识别，所以表面粗糙度值越低，渗透检测效果越好。由于渗透检测是手工操作，过程工序多，如果操作不当，就会造成漏检。

6）可以检出表面开口的缺陷，但对埋藏缺陷或闭合型的表面缺陷无法检出。由渗透检测原理可知，渗透液渗入缺陷并在清洗后能保留下来，才能产生缺陷显示，缺陷空间越大，保留的渗透液越多，检出率越高。埋藏缺陷渗透液无法渗入，闭合型的表面缺陷没有容纳渗透液的空间，所以无法检出。

7）检测工序多，速度慢。渗透检测至少包括以下步骤：预清洗、渗透、去除、显像、观察。即使很小的工件，完成全部工序也要20～30min。大型工件大面积渗透检测是非常麻烦的工作。每一道工序，包括预清洗、渗透、去除、显像，都很费时间。

8）检测灵敏度比磁粉检测低。从实际应用的效果评价，渗透检测的灵敏度比磁粉检测要低很多，可检出缺陷尺寸大约要大3～5倍。即便如此，与射线照相或超声波检测相比，渗透检测的灵敏度还是很高的，至少要高一个数量级。

9）材料较贵、成本较高。最常用的携带式喷罐着色渗透检测剂，每套可探测的焊缝长度约为十多米。由于检测工序多，速度慢，人工成本也是很高的。

10）渗透检测所用的检测剂大多易燃有毒，必须采取有效措施保证安全。为确保操作安全，必须充分注意工作场所通风，以及对眼睛和皮肤的保护。

第五节 涡流检测

涡流检测的理论基础是电磁感应原理。金属材料在交变磁场作用下产生涡流。根据涡流的大小和分布，可检出铁磁性和非铁磁性材料的缺陷，或分选材料、测量膜层厚度和工件尺寸，以及材料某些物理性能等。

一、涡流检测原理

电磁感应现象可通过以下试验观察到，使线圈1与线圈2相靠近，在线圈1中通过交流电，在线圈2中就会感应产生交流电。这是由于线圈1通过交流电时，能产生随时间而变化的磁力线，这些磁力线穿过线圈2，就使它感应产生交流电。如果用金属板代替线圈2，同样可以使金属板导体产生交流电。交流磁场在这里感生出的交流电叫作涡流。

件中的涡流方向与给试件施加交流磁场线圈（称为初级线圈或激磁线圈）的电流方向相反。由涡流所产生的交流磁场也产生磁力线，其磁力线也是随时间而变化，它穿过激磁线圈时又在线圈内感生出交流电。因为这个电流方向与涡流方向相反，结果就与激磁线圈中原来的电流（叫作激磁电流）方向相同了。这就是说线圈中的电流由于涡流的反作用而增加了。假如涡流变化的话，这个增加的部分（反作用电流）也变化。测定这个电流变化，就可以测得涡流的变化，从而可得到试件的信息。涡流的分布及其电流大小，是由线圈的形状和尺寸，交流频率（试验频率），导体的电导率、磁导率、形状和尺寸，导体与线圈间的距离，以及导体表面缺陷等因素所决定的。因此，根据检测到的试件中的涡流，就可以取得关于试件材质、缺陷和形状尺寸等信息。

根据电学原理，激磁电流和反作用电流的相位会出现一定差异。这个相位差随着试件的形状的不同而变化。所以这个相位的变化，也可以作为检测试件的信息来加以利用。因为涡流是交流电，所以在导体的表面电流密度较大。随着向内部的深入，电流按指数函数而减小。这种现象叫作集肤效应。因此，从试件上取得的信息以表面上的最多，而内部的较少，缺陷越深，检测越难。涡流在深度方向上的分布可以用透入深度表示。

为增大透入深度，可降低涡流频率。近年来开发的远场涡流检测技术就是采用低频涡流，因此能穿透金属管壁，从而实现对金属管子内、外壁缺陷的检测。

二、涡流检测仪器、探头和对比试样

涡流检测系统一般包括涡流检测仪、检测线圈及辅助装置（如磁饱和装置、机械传动装置、记录装置、退磁装置等）。涡流检测仪都是由振荡器发生交流电通入线圈内，产生交流磁场，加到试件上去。

因为要求涡流检测检出很微小的缺陷，所以事前需要调整电桥，使没有缺陷时的交流电输出接近零。由电桥输出的电信号通过放大后送到检波器进行检波，并作为该试件的信息在显示器上显示出来。同步检波利用杂乱信号（即噪声）与缺陷信号的相位差把杂乱信号分离掉，只输出特定相位角的缺陷信号，因此必须事前调整好移相器。从检波器输出的电信号通过滤波器送到显示器。显示器由示波器、电表、记录仪和指示灯等组成。

按试件的形状和检测目的的不同，采用不同形式的线圈。根据形状线圈可以大致分为穿过式线圈、探头式（放置式）线圈和插入式线圈三种。

穿过式线圈用来检测线材、棒材和管材，它的内径使其正好套在圆棒和管子上。探头式（放置式）线圈是放在板材、钢锭和棒材等表面之上用的，它尤其适用于局部检测。通常在线圈中装入磁芯，用来提高检测灵敏度。插入式线圈也叫作内部探头，把它放在管子和孔内用来作内壁检测。同探头式线圈一样，在线圈中大多装有磁芯。

远场涡流检测探头一般为内穿过式，由激励线圈与检测线圈构成，检测线圈与激励线圈间距为2倍管内径长度。激励线圈通以低频交流电，检测线圈获取发自激励线圈穿过管壁后又回到管内壁的涡流信号。

对比试样用于调节涡流检测仪检测灵敏度、确定验收水平和保证检测结果准确性。对比试样应与被检对象具有相同或相近规格、牌号、热处理状态、表面状态和电磁性能。在对比试样上加工出规定尺寸和形状的人工缺陷，人工缺陷形状有孔和槽两类，包括通孔和不通的平底孔，纵向和周向槽等，对比试样应根据相关标准的要求制作。

三、涡流检测工艺要点

检测前要清理试件表面，除去对检测有影响的附着物。检测仪器通电之后，应经过必要的稳定时间，方才可以选定试验规范并进行检测。

检测规范的选择包括检测频率的选定、线圈的选择、检测灵敏度的选定、平衡调整、相位角及直流磁场的调整。检测频率的选择应考虑透入深度和缺陷及其他参数的阻抗变化，利用指定的对比试块上的人工缺陷找出阻抗变化最大的频率和缺陷与干扰因素阻抗变化之间相位差最大的频率；线圈的选择要使它能探测出指定的对比试块上的人工缺陷，并且所选择的线圈要适合于试件的形状和尺寸；检测灵敏度的选定是在其他调整步骤完成之后进行的，要把指定的对比试块的人工缺陷的显示图像调整在检测仪器显示器的正常动作范围之内；平衡调整应在实际检测状态下，在试样无缺陷的部位进行电桥的平衡调整；调整移相器的相位角，使得指定的对比试块的人工缺陷能最明显地探测出来，而杂乱信号最小；对强磁性材料进行探伤时，用磁饱和装置对所检测的区域施加强直流磁场，使试件磁导率不均匀性所引起的杂乱信号降低到不影响检测结果的水平。

在选定的检测规范下进行检测。如果发现检测规范有变化，应立即停止试验，重新调整之后再继续进行。当线圈或试件被传送时，线圈与试件间距离的变动也会成为杂乱信号的原因。因此，必须注意保持固定的距离。另外，必须尽量保持固定的传送速度。

四、涡流检测优点和局限性

1）适用于各种导电材质的试件探伤。包括各种钢、钛、镣、铝、铜及其合金。

2）可以检出表面和近表面缺陷。

3）探测结果以电信号输出，容易实现自动化检测。

4）由于采用非接触式检测，所以检测速度很快。

5）对形状复杂的试件很难应用。因此一般只用其检测管材、板材等轧制型材。

6）不能显示出缺陷图形，因此无法从显示信号、判断出缺陷性质。

7）检测干扰因素较多，容易引起杂乱信号。

8）由于集肤效应，埋藏较深的缺陷无法检出。

9）不能用于不导电的材料。

第六节 声发射检测

一、声发射检测原理

材料或结构受外力或内力作用产生变形或断裂，以弹性波形式释放出应变能的现象称为声发射，也称为应力波发射。应力波在材料中传播，可以使用压电材料制作的换能器将其接收，并转换为电信号进行处理，声发射检测就是通过探测受力时材料内部发出的应力波判断容器内部结构损伤程度的一种新的无损检测方法。它与X射线、超声波等常规检测方法的主要区别在于，声发射技术是一种动态无损检测方法。它能连续监视容器内部缺陷发展的全过程。

材料在力的作用下能产生多种声发射信号，但无损检测关注的主要是裂纹的形成和扩展。材料的断裂过程大致可分为三个阶段：裂纹成核阶段、裂纹扩展阶段、最终断裂阶段，这三个阶段都可成为强烈的声发射源。单个原子排列位错滑移也会产生声发射，但裂纹形成产生的声发射比单个位错滑移产生的声发射至少大两个数量级，因此，能够将两者区别开来。如果裂纹持续扩展，接近临界裂纹长度时，就开始失稳扩展，形成快速断裂。这时的声发射强度更大，以至于人耳都可听见。

二、声发射检测仪器

目前的声发射仪器大体可分为两种基本类型，即单通道声发射检测仪和多通道声发射源定位和分析系统。单通道声发射检测仪一般采用一体结构，它由换能器、前置放大器、衰减器、主放大器门槛电路、声发射率计数器以及数模转换器组成。多通道的声发射检测系统则是在单通道的基础上增加了数字测定系统（时差测定装置等）以及计算机数据处理和外围显示系统。

声发射装置使用的换能器与超声波检测的换能器相似，也是由壳体、保护膜、压电元件、阻尼块、连接导线及高频插座组成。压电元件通常使用锆钛酸铅、钛酸钡和铌酸锂等，但一般灵敏度比超声波换能器的灵敏度要高。常用换能器的谐振频率范围大致在100kHz至400kHz。工件中裂纹形成扩展或其他原因所发出的声发射信号，由换能器将弹性波变成电信号输入前置放大器。

声发射信号经换能器转换成电信号，其输出可低至十几微伏。这样微弱的信号若经过长的电缆输送，可能无法分辨出信号和噪声。设置低噪前置放大器，是为了增大信噪比，增加微弱信号的抗干扰能力。前置放大器的增益为40～60dB。

声发射信号是宽频谱的信号，频率范围可从几千赫兹到几兆赫兹。为了消除噪声，可选择需要的频率范围来检测。声发射信号频率范围为60 kHz～2MHz。

目前一般选择的频率范围信号经前述处理之后，再经过主放大器放大，整个系统的增益可达到80～100dB。

为了剔除背景噪声，设置适当的阈值电压，低于阈值电压的噪声波剔除，高于阈值电压的信号则经处理后，形成脉冲信号，包括振铃脉冲和事件脉冲。

第七节　无损检测新技术介绍

除了以X射线和γ射线为探测手段，以胶片作为信息载体的常规射线照相方法外，还有许多其他种射线检测方法：例如，利用加速器产生的高能X射线进行检测的高能射线照相利用中子射线进行检测的中子射线照相，应用数字化技术的图像增强器射线实时成像、计算机X射线照相（CR）、线阵列扫描成像（LDA）、数字平板成像（DR），以及层析照相等。此外还有一些特殊照相方法，例如，几何放大照相、移动照相、康普顿散射照相等。

本章重点介绍在目前工业生产中得到应用的高能射线照相、图像增强器射线实时成像，以及近年来发展很快的数字化成像技术。

一、高能射线照相

能量在1MeV以上的X射线被称为高能射线。工业检测使用的高能射线大多数是通过电子加速器获得的，工业射线照相通常使用直线加速器。

直线加速器的主体是由一系列空腔构成的加速管，空腔两端有孔可以使电子通过，从一个空腔进入到下一个空腔。直线加速器使用射频（RF）电磁场加速电子，利用磁控管产生自激振荡发射微波，通过波导管把微波输入到加速管内。加速管空腔被设计成谐振腔，由电子枪发射的电子在适当的时候射入空腔，穿过谐振腔的电子正好在适当的时刻到达磁场中桌一加速点被加速，从而增加了能量，被加速的电子从前一腔体出来后进入下一个空腔被继续加速，直到获得很高能量。电子到靶时的速度可达光速的99%，高速电子撞击靶产生高能X射线。目前用于探伤的有两种直线加速器，一种采用行波加速，另一种采用驻波加速。

直线加速器焦点稍大，但其体积小，电子束流大，所产生的X线强度大，适合用于工业射线照相。直线加速器由电流调整系统、控制操作台和主机三个部分组成。

（1）电流调整系统380V的三相电经过稳压系统稳压后，经高压供电系统（H.V.P系统）并通过调制解调器提供整个加速器各部分的电源。

（2）控制操作台在控制操作台面板上可以预置摄片曝光时间和剂量（Gy数）。在透照过程中，若曝光时间与剂量数有一项已达到预置数时设备即停止射线输出。面板上还设有自锁控制故障的指示系统。如高压、真空、氟利昂真空、调制器门限位、挡板钥匙等联锁系统，只要有一个故障指示灯亮着，就无法使射线输出，必须排除故障以后才能输出射线。

（3）主机主机是该设备的核心部分。主要由电子枪、加速管、靶、波导管、磁控管、自动频率调整系统、剂量测试系统、均整器、准直器及高真空系统、激光对焦系统组成。

均整器是一个用铅、钙等用重金属制成，其作用是使射线束更加集中，只照射需要照射的部位，减少散射线。

该设备还设有激光对焦系统，在射线照相时，可用该系统使射线中心束对准被照工件中心。使摄片操作更加方便、可靠。

二、射线实时成像检测技术

所谓射线实时成像检测技术，是指在曝光的同时就可观察到所产生的图像的检测技术。这就要求图像能随着成像物体的变化迅速改变，一般要求图像的采集速度至少达到25帧/s（PAL制）。能达到这一要求的装置有较早使用的X射线荧光检测系统，以及目前正在应用的图像增强器工业射线实时成像检测系统。目前，射线实时成像检测灵敏度已基本上能满足工业检测要求，在中等厚度范围其灵敏度已接近胶片射线照相的水平。

射线实时成像检测技术有一些与常规射线照相不同的特殊要求，其工艺特点如下：在射线实时成像检测技术中一般采用放大透照布置。最佳放大倍数是由成像平面（荧光屏）的固有不清晰度和射线源的尺寸决定。

射线实时成像检测过程包含动态检验和静态检验。对动态检验，除了按规定选取扫描面、扫描方位和移动范围等外，必须正确选取扫描速度，即检验时工件相对于射线源的移动速度，它直接相关于图像的噪声，采用的扫描速度与射线源的强度相关。对静态检验，机械驱动装置必须具有一定的定位精度，一般要求定位误差不应超过10mm，在连续检验过程中应注意累积的定位偏差，并做出修正。

在射线实时成像检测技术采用的数字图像处理技术包括对比度增强（灰度增强）、图像平滑（多帧平均法降噪）、图像锐化（边界锐化）和伪彩色显示等。为保证检验结果可靠，必须芯系统的性能进行定期校验。

与常规射线照相相比，图像增强器射线实时成像系统有以下优点和局限性：工件一送到检测位置就可以立即获得透视图像，检测速度快，工作效率比射线照相高数十倍；不使用胶片，不需处理胶片的化学药品，运行成本低，且不造成环境污染；检测结果可转化为数字化图像用光盘等存储器存放，存储、调用、传送比底片方便；图像质量，尤其空间分辨率和清晰度低于胶片射线照相；图像增强器体积较大，检测系统应用的灵活性和适用性不如普通射线照相装置；设备一次投资较大；显示器视域有局限，图像的边沿容易出现扭曲失真。

三、数字化射线成像技术

一般认为，数字化射线成像技术包括计算机x射线照相技术（CR）、线阵列扫描成像技术（LDA）以及数字平板技术（DR），后者包括非晶硅（a-Si）数字平板、非晶硒（a-Se）数字平板和CMOS数字平板。

（1）计算机射线照相技术（CR）计算机射线照相（computed radiography），是指将X射线透过工件后的信息记录在成像板（image plate，IP）上，经扫描装置读取，再由计算机生出数字化图像的技术。整个系统由成像板、激光扫描读出器、数字图像处理和储存系统组成。

用普通X射线机对装于暗盒内的成像板曝光，射线穿过工件到达成像板，成像板上的荧光发射物质具有保留潜在图像信息的能力，即形成潜影。成像板上的潜影是由荧光物质在较高能带俘获的电子形成光激发射荧光中心构成，在激光照射下，光激发射荧光中心的电子将返回它们的初始能级，并以发射可见光的形式输出能量。所发射的可见光强度与原来接收的射线剂量成比例。因此，可用激光扫描仪逐点逐行扫描，将存储在成像板上的射线影像转换为可见光信号，通过具有光电倍增和模数转换功能的读出器将其转换成数字信号存入到计算机中。激光扫描读出图像的速度：对100mm×420mm的成像板，完成扫描读出过程不超过1min。读出器有多槽自动排列读出和单槽读出两种，前者可在相同时间内处理更多成像板。

数字信号被计算机重建为可视影像在显示器上显示，根据需要对图像进行数字处理。在完成对影像的读取后，可对成像板上的残留信号进行消影处理，为下次使用做好准备，成像板的寿命可达数千次。

CR技术的优点和局限性：原有的X射线设备不需要更换或改造，可以直接使用；宽容度大，曝光条件易选择。对曝光不足或过度的胶片可通过影像处理进行补救；可减小照相曝光量；CR技术可对成像板获取的信息进行放大增益，从而可大幅度地减少X射线曝光量。CR技术产生的数字图像存储、传输、提取、观察方便；像板与胶片一样，有不同的规格，能够分割和弯曲，成像板可重复使用几千次，其寿命决定于机械磨损程度。虽然单板的价格昂贵，但实际比胶片更便宜；R成像的空间分辨率可达到5线对/mm（即100/μm），稍低于胶片水平；然比胶片照相速度快，但不能直接获得图像，必须将CR屏放入读取器中才能得到图像；R成像板与胶片一样，对使用条件有一定要求，不能在潮湿的环境中和极端的温度条件下使用。

（2）线阵列扫描成像技术（LDA）线阵列扫描数字成像系统工作原理是由X射线机发出的经准直为扇形的一束X射线，穿过被检测工件，被线扫描成像器（LDA探测器）接收，将X射线直接转换成数字信号，然后传送到图像采集控制器和计算机中。每次扫描LDA探测器所生成的图像仅仅是很窄的一条线，为了获得完整的图像，就必须使被检测工件作匀速运动，同时反复进行扫描。计算机将多次扫描获得的线形图像进行组合，最后在显示器上显示出完整的图像，从而完成整个的成像过程。线阵列扫描数字成像系统的关键设备是LDA线阵列成像器，其制造工艺及参数的选择，对成像器的质量有很大的影响。典型LDA成像器由以下几个主要部分组成：闪烁体，光电二极管阵列，探测器前端和数据采集系统、控制单元、机械装置、辅助设备、软件等。

（3）数字平板直接成像技术（DR）数字平板直接成像，（Diirector Digital Panel Radingphy）是近几年才发展起来的全新的数字化成像技术。数字平板技术与胶片或CR的处理过程不同，在两次照射期间，不必更换胶片和存储荧光板，仅仅需要几秒钟的数据采集，就可以观察到图像，检测速度和效率大大高于胶片和CR技术，除了不能进行分割外和弯曲外，数字平板与胶片和CR具有几乎相同的适应性和应用范围。数字平板的成像质量比图像增强器射线实时成像系统好很多，不仅成像区均匀，没有边缘几何变形，而且空间分辨率和灵敏度要高得多，其图像质量已接近或达到胶片照相水平，与LDA线阵列扫描相比，数字平板可做成大面积平板一次曝光形成图像，而不需要通过移动或旋转工件，经过多次线扫描才获得图像。

数字平板技术有非晶硅（a-Si）和非晶硒（a-Se）和CMOS三种。

非晶硅数字平板结构如下：由玻璃衬底的非结晶硅阵列板，表面涂有闪烁体一碘化铯，其下方是按阵列方式排列的薄膜晶体管电路（TFT）组成。TFT像素单元的大小直接影响图像的空间分辨率，每一个单元具有电荷接收电极信号储存电容与信号传输器。通过数据网线与扫描电路连接。非晶硒数字平板结构与非晶硅有所不同，其表面不用碘化铯闪烁体而直接用硒涂层。

（4）X射线层析照相（X-CT）X射线计算机层析（computed tomography）是近20年来迅速发展起来的计算机与X射线相结合的检测技术。该技术最早应用于医学，工业CT检测技术在近年来逐步进入实际应用阶段。

四、磁记忆检测（MMT）

磁记忆是一新的无损检测方法，最早由俄罗斯动力诊断公司提出，其原理是：工件局部集中区域存在着与应力集中线对应的漏磁场强度零值线，零值线两侧的漏磁场强度梯度表征应力集中程度，寻找漏磁场强度零值线和分析漏磁场的特征，便可获得工件存在应力集中的信息，从而预知工件中潜在的危险区域和裂纹的发源地，或发现已存在的裂纹缺陷。

磁记忆检测技术的优点：不须对工件表面进行特殊的处理，就可进行大面积的快速检验；不须专门的磁化装置，因此检测仪器轻便，操作灵活快捷；可以找出部件上的应力集中线，从而找出潜在的裂纹源；可以发现部件内部埋藏较深的、用常规无损检测方法难以检测的微小缺陷；对已发现的裂纹，可以根据零值线（应力集中线）确定裂纹的未来扩展方向；可以快速地对结构的应力状况进行检测，确定应力集中部位及应力集中程度；可以在焊后热处理前后分别对焊缝的应力集中情况进行检测，监测焊后热处理的效果；可以检测角焊缝、T形焊缝等常规无损检测方法无法实施的结构。

磁记忆检测技术的适用于管道状况评价、储罐和装置的快速诊断、蒸汽锅炉汽包状况评价、汽轮机转子状况评价、锅炉和蒸汽管道弯头状况评价、汽轮机设备零件（销钉、轴承、轴瓦等）状况评价、压缩机叶片与转子状况评价、电梯金属结构的磁检测方法、轴颈、盛钢筒、挂钩、起重机吊钩检测、压气钻管和联轴节技术诊断。

五、超声导波检测技术

近10年来，国外对超声导波检测技术的研究十分活跃。导波检测技术在很多领域取得突破性进展，其中最突出的是压力管道和高速铁路钢轨的检测，已经研制出专用检测设备，并在工程实践中成功应用。

压力管道超声导波检测的最大特点是检测速度快和无需接近被检测区域，可以一次完成数十米长度管道的100%检测，对腐蚀缺陷的检测灵敏度约为管道截面缺损面积的3%至10%。超声导波检测技术可以在不破坏设施的前提下，检测穿越道路和堤坝的管道，埋藏于地下或安装于高空中的管道，以及被保温材料包复，被套环和支座遮蔽的管道，被容器壁或内件阻隔的管道、桥梁下铺设的过江管道、海上石油平台作业面以下的各种管道，可以减少拆除保温、开挖地面、破坏结构造成的经济损失，免去凌空作业和水下作业的麻烦，从而大大减少检测过程中的各种损失，降低成本，节约时间。该技术的应用对及时发现隐患，防范泄漏事故，确保管道安全运行具有重大意义。

导波是一种能沿着结构长度传播，并被结构的几何边界导向约束的结构弹性波。导波有纵波、扭力波、变形波、兰母波、水平剪切波和表面波等多种模态形式。导波的性能（速度和位移模式）会随着几何结构的形状和尺寸大小和波的频率的变化而改变。一般地，大多数波依据结构的材料而应用于传统的超声波检测上。

第八节　无损检测方法的选择

1. 无损检测目的

无损检测目的是确保承压设备制造质量和使用安全。应用无损检测技术，可以试件表面或内部的缺陷，确保承压设备的制造（安装、维修、改造）质量。采用破坏性检测，在检测完成的同时，试件也被破坏了，破坏性检测只能进行抽样检验，因此在承压类特种设备制造的过程检验和最终质量检验中应用无损检测技术。

即使是设计和制造质量完全符合规范要求的承压类特种设备，在经过一段时间使用后，也有可能发生破坏事故。这是由于苛刻的运行条件使设备状态发生变化，例如由于高温和应力的作用导致材料蠕变；由于温度、压力的波动产生交变应力，使设备的应力集中部位产生疲劳；由于腐蚀作用使壁厚减薄或材质劣化等，上述因素有可能使设备中原来存在的，制造规范允许的小缺陷扩展开裂，或使设备中原来没有缺陷的地方产生这样或那样的新生缺陷，最终导致设备失效。为了保障承压设备使用安全，对在用承压设备必须定期进行检验，通过无损检测及时发现缺陷，避免事故发生。

2. 无损检测的应用特点

（1）无损检测要与破坏性检测相配合，无损检测的最大特点是能在不损伤材料、工件和结构的前提下来进行检测，所以实施无损检测后，产品的检查率可以达到100%。但是，并不是所有需要测试的项目和指标都能进行无损检测，无损检测技术自身还有局限性。某些试验只能采用破坏性检测，因此，在目前无损检测还不能完全代替破坏性检测。也就是说，要对工件、材料、机器设备作出准确的评价，必须把无损检测的结果与破坏性检测的结果结合起来加以考虑。例如，为判断液化石油气钢瓶的适用性，除完成无损检测外还要进行爆破试验。锅炉管子焊缝，有时要切取试样做金相和断口检验。

（2）正确选用实施无损检测的时机，根据无损检测的目的来正确选择无损检测实施的时机是非常重要的。例如锻件的超声波探伤，一般要安排在锻造和粗加工后，钻孔、铣槽、精磨等最终机加工前进行。这是因为此时扫查面较平整，耦合较好，有可能干扰探伤的孔，槽、台还未加工出来，发现质量问题处理也较容易，损失也较小。又例如要检查高强钢焊缝有无延迟裂纹，无损检测就应安排在焊接完成24h以后进行。要检查热处理后是否发生再热裂纹，就应将无损检测放在热处理之后进行。电渣焊焊接接头晶粒粗大，超声波检测就应在正火处理细化晶粒后再进行。

（3）选用最适当的无损检测方法每种检测方法本身都有局限性，不可能适用于所有工件和所有缺陷。为了提高检测结果的可靠性，必须在检测前正确选定最适当的无损检测方法。在选择中，既要考虑被检物的材质、结构、形状、尺寸，预计可能产生什么种类，什么形状的缺陷，在什么部位、什么方向产生；又要以上种种情况考虑无损检测方法各自的特点。例如，钢板的分层缺陷因其延伸方向与板平行，就不适合射线检测而应选择超声波检测。检查工件表面细小的裂纹，就不应选择射线和超声波检测，而应选择磁粉和渗透检测。此外，选用无损检测方法时还应充分的认识到，检测的目的不是片面追求产品的“高质量”，而是在保证充分安全性的同时要保证产品的经济性。只有这样，无损检测方法的选择和应用才会是正确的、合理的。

（4）综合应用各种无损检测方法在无损检测应用中，必须认识到任何一种无损检测方法都不是万能的，每种无损检测方法都有优缺点。因此，在无损检测的应用中，如果可能，不要只采用一种无损检测方法，而应尽可能地同时采用几种方法，以便保证各种检测方法取长补短，从而取得更多的信息。另外，还应利用无损检测以外的其他检测所得的信息，利用有关材料、焊接、加工工艺的知识及产品结构的知识，综合起来进行判断。例如，超声波对裂纹缺陷探测灵敏度较高，但定性不准，而射线的优点是对缺陷定性比较准确。两者配合使用，就能保证检测结果既可靠又准确。

无损检测最主要的用途是探测缺陷。了解材料和焊缝中的缺陷种类和产生原因，有助于正确地选择无损检测方法，正确地分析和判断检测结果。

3. 无损检测方法选择

承压类特种设备制造过程中的无损检测的应用，以及各种检测方法对检测小结如下：

（1）原材料检验

1）板材：UT0

2）锻件和棒材：UT、MT（PT）。

3）管材：UT（RT）、MT（PT）。

4）螺栓：UT、MT（PT）。

（2）焊接检验

1）坡口部位：UT、PT（MT）。

2）清根部位：PT（MT）。

3）对接焊缝：RT（UT）、MT（PT）。

4）角焊缝和T形焊缝：UT（RT）、PT（MT）。(3）其他检验

1）工卡具焊疤：MT（PT）。

5）水压试验后：MT。

第三章　电梯检验检测技术研究

第一节　电梯检验检测技术发展现状

一、电梯检验概述

随着我国城市化进程的加快，高层楼宇建筑大量涌现，对电梯的需求量日益增加。电梯数量的日益增长、安全事故的频发以及乘客对于乘坐电梯时噪声控制等环境条件的要求越来越高，都使得电梯的检验检测成为电梯品质控制中的一个重要环节。

（一）电梯检验的类型

电梯的检验主要包括定期检验、型式检验、交付前的检验以及发生事故或经过重大维修改造后的检验。

1.定期检验

指国家特种设备检测机构对电梯运行期间可能因部件老化、磨损等方面的因素对电梯的功能和安全运行造成影响而实施的定期检验，一般情况下每年进行一次。检验时检验人员需携带专业的仪器、工具对在役电梯根据监督检测的规程和定期检验检测规程逐台逐项进行。

2.型式检验

为了获得产品定型认证，由电梯生产厂家向具有型式检验资质的机构提出约请，受理后检验机构成立专门的型式检验小组到生产厂家对产品进行抽样，按照产品的企业标准及相关国家标准对电梯整梯及安全部件等展开全面的检测，以评定该型产品是否达到技术规范的全部要求。

3.交付前的检验

电梯在交付使用前，需对其安装调试质量、整体运行性能、各主要部件及安全部件的状况进行严格的检验。包括安装单位的自检和质量技术监督部门的监督检验。

4. 经过重大维修改造后检验：电梯在经过重大改造后，如改变了主参数、轿厢质量、行程以及更换了控制系统、门的类型、导轨、驱动主机、曳引轮、缓冲器等情况后，需要根据改装的内容来决定检验的内容及要求。但当主参数和控制系统改变时，应对电梯进行全面的检验。

（二）电梯检验的主要内容

下以曳引驱动电梯为例介绍电梯定期检验过程中主要检验内容，对其他种类的电梯，如液压电梯、自动扶梯、自动人行道等因结构上的差异，检验的内容也会有所不同。

1. 现场条件的检验

通过目测，以及使用万用表、温湿度计、声级计等判断现场检验条件是否符合要求。

2. 使用资料的审查

包括使用登记资料、安全技术档案、管理规章制度以及日常维护保养合同等资料的审查。

3. 电梯系统部分的检验

机房及相关设备的检验：包括驱动主机、限速器、接地连接、电气绝缘、紧急操作、主开关与照明等电路的控制关系、机房照明、通道与通道门、断错相保护等检验内容。

井道及相关设备的检验：包括井道安全门、井道检修门、极限开关、随性电缆、井道照明、底坑设施与装置、限速绳张紧装置的电气安全装置以及缓冲器等检验内容。

轿厢与对重检验：包括轿顶电气装置、安全窗电气安全装置、对重固定、轿厢超面积载货

电梯的控制条件、紧急照明和报警装置、轿厢超载保护装置、地坎护脚板等检验内容。

轿门与层门检验：包括有门间隙、防止门夹人的保护装置、门的运行与导向、自动关闭层门装置、紧急开锁装置、门的锁紧与闭合、门刀、门锁滚轮与地坎间隙等检验内容。

悬挂装置、补偿装置及旋转部件防护检验：此项包含了悬挂装置、补偿装置的磨损、断丝及变形、悬挂装置的端部固定、旋转部件的防护等检验内容。

功能试验：包括有轿厢限速器-安全钳联动试验、对重限速器-安全钳联动试验、缓冲器试验、上行制动试验、下行制动试验、轿厢上行超速保护装置试验、空载曳引力试验、运行试验、平衡系数试验、消防返回功能试验等内容。

二、电梯检测技术的发展现状及趋势

（一）电梯检测技术的发展现状

电梯检验技术的历史可追溯至19世纪末期，伴随电梯的诞生而兴起，经过一百多年的发展，已经形成一支独立的技术门类]。随着相关技术的快速发展，电梯检测技术也不断得以积累和创新。作者在阅读了大量的文献后，将从以下三方面对电梯的检测技术发展现状进行阐述。

第一，目视检测目视检测用于电梯的检验时，首先通过对电梯外观及整体运行水平进行初步的检查和了解，判断是否存在隐患问题。并进一步通过对各种功能开关的动做实验以及使用钢直尺、游标卡尺、卷尺、塞尺等测量工具来试验或检查功能开关的可靠性、零部件设置的有效性以及各种安全尺寸的符合性等。

第二，无损检测技术电梯检测中使用到的无损检测技术主要有漏磁检测、激光检测以及超声导波检测等。漏磁检测方法常用于对电梯曳引钢丝绳缺陷的检验。早期使用的仪器主要是检测钢丝绳的局部缺陷，即LF检测法（主要针对钢丝绳断丝的定性及定量检测），上世纪80年代之后，LMA法（金属截面损失检测）开始在国内外得到应用。此方法能够弥补LF检测法在检测钢丝绳锈蚀和磨损方面的不足，但对于钢丝绳断丝、变形等局部缺陷方面的检测灵敏度较低。为了充分发挥两种检测方法各自专长，之后又出现了同时具备LMA和LF检测功能的仪器，能够同时满足对LMA及LF两条曲线的检测。目前用于电梯曳引钢丝绳检测方面的仪器有我国的KST、MTC、TCK系列，美国的NDT系列、波兰的MD系列以及俄罗斯的INROS系列产品等。

激光检测技术在电梯检验中主要用于对导轨直线度及扭曲度的检测。利用激光的方向性好、直线传播等特性，检测时将安装有激光器的主机固定到电梯导轨的一端，光靶通过卡板安装在导轨上，并使靶面朝向激光器主机的发射孔。通过在导轨上移动光靶，激光测距仪将光靶测得的距离信号交由计算机进行处理，转换成电梯导轨的直线度及扭曲度等信息。

第三，电梯综合性能检测技术，目前电梯的检测技术越来越趋向于多功能、一体化、综合性的方向发展，即通过一台设备实现对电梯多种性能的测试。该型设备通常包括一套测量处理软件和若干测量传感部件，在对电梯的某一项内容进行检测时，相应的传感器负责采集信号，然后经过专业软件的分析处理，获得电梯该项目的检测参数。德国TUV开发的ADIASYSTEM电梯检测系统是这类设备的一个典型代表。ADIA-SYSTEM可以实现有关电梯行程、轿厢质量、速度或加速度、钢丝绳曳引力和平衡力、电梯门特征及安全钳设置的综合检测，用它来检测电梯速度快，结果精确，可以把检测结果很方便地进行存储并与相关的标准、准则进行对比，生成相应的检测报告。目前在德国，ADIASYSTEM已经成为对牵引电梯和液压电梯进行定期检验的一个标准。类似的产品还有德国HENNING公司开发的LiftPC便携式电梯综合性能测试仪等。

（二）电梯检测技术的发展趋势

伴随传感器技术、网络技术以及计算机技术的快速发展，电梯检测技术将朝着集成化、智能化以及远程诊断的方向发展。

1. 集成化

电梯的检验是一项复杂的系统工作，包含的检测项目众多，涵盖机械、电气、电子等多个领域。当前检验人员在对电梯实施检测时，需要携带众多的检测仪器、设备进入现场，十分不便。如针对现场条件检验一项，就需要万用表、温湿度计、照度计等仪器的配合。实现多种设备功能的集成已成为一个趋势，目前市场上已逐步开始推出相关的产品，如上节介绍的德国ADIASYSTEM电梯检测系统，一台设备可以实现对电梯多项参数的检测，使得电梯的检测效率大为提高。

2. 智能化

电梯的定检工作具有一定的危险性，特别是对于垂直运行电梯的检验，在进行某些危险项目的检测时，考虑使用智能化的检测设备取代人工方式，将成为未来发展的一个方向。

3. 远程化诊断

目前对于电梯的故障的排除常采用以下处理流程：当电梯出现故障、事故时，由电梯所有者或物业部门向电梯维保部门提出请求，然后维保人员到达现场排障，事故的处理较为滞后。随着物联网技术的发展，电梯的远程监测与诊断系统将为维保人员第一时间排除故障提供指导与支持。远程监测与诊断系统可将分散在各地的电梯进行联网，通过在电梯现场设置下位机，负责采集其运行状态信息，然后借由网络将数据传送到远程监控终端。远程监控终端可以对电梯运行状态进行全面了解，发生事故时可以对故障进行初步诊断，以便维保人员到达现场采取有针对性的排障措施。远程化监测系统将是未来电梯管理的一大发展方向，它可集电梯的监控、检测、事故分析、监督于一体，便于质量监督和维保等部门对分散的电梯进行统一的集中管理。

第二节 电梯常用检验检测技术

随着城市发展的需要，电梯已经广泛的被应用于人们生活与商业领域中，人民生命安全与财产与之安全紧密相关。近年来国家不断出台相关电梯安全检验措施及检验评定标准及制度，以确保人民生命及财产安全。而电梯事故在近几年频繁发生，给人们的生命安全带来了严重的威胁，为了保障电梯的稳定性和安全性，利用电梯检验检测技术对电梯的安全性能进行检测，从而减少电梯安全事故的发生。

电梯是日常生活中高层建筑升降的常用设备，它除了用于人及货物的上下运输，还为人们带来了很大的便利。而随着科技的进步和时代的发展，电梯的检验技术也越来越先进，除了能够检测出电梯的各种故障和问题外，还有效提升了电梯系统的其他性能，从而确保了电梯运行的安全性和可靠性。

一、电梯检验检测现状

（一）电梯检验检测现场复杂程度高

电梯供电的电源不正规、私自搭接电线等问题出现的几率较高，并且很多接线位置也不科学合理，例如，无接地线、输送电压的数值不在规定的范围之内等。在安全通道中放置的杂物数量非常多，通向控制电梯机房的道路畅通性不是十分充足，并且也有一定数量的电梯没有护栏的保护，自从安装以来就没有放置照明设备，等等。在电梯检验现场中各种类型的施工相关工作交互开展，噪声问题十分严重，并且施工现场中临时性工作人员的数量也比较多，难以形成有效的配合；机房中的设置较为简陋，必备工具甚至都不齐全，放置杂物这一个问题就显得更加严重。

（二）安装维修单位自检工作力度不足

现阶段我国施行的规章制度，电梯隶属于特种设备包含的范围之内，除去在电梯安装工作完成之后需要检验验收之外，在电梯运行的过程中也是需要定期开展检验工作的，与此同时在电梯年检工作记性的过程中需要向检验机构提供相应的定期自检报告。但是现阶段仍然有一定数量的安装单位在电梯运行的过程中没有定期检修，从而也就会对我国电梯运行安全性造成极为严重的负面影响。虽然有一些单位是可以针对处于运行状态的电梯定期开展自检工作的，但是检验工作一般情况下仅仅是流于形式而已，并没有得到充分的重视，存入档案库的自检报告也是十分简陋的，难以将电梯运行的实际情况呈现在人们的眼前，各项数据准确性难以得到保证，和真实数据的差距比较大。

二、电梯检验检测技术的应用

（一）目视检测技术

通过目视来对电梯的整体外观和运行状况进行检测，这样的检测技术能够快速的对电梯的直观性能进行了解，同时也能够从表面发现许多电梯运行中所存在的问题，比如轿厢与平衡是否失常、悬挂装置的配合度及其磨损状况、各旋转部件的可靠性、轿门与层门的对应程度及契合程度等，通过对这些问题的了解，能够采取相应的措施来快速有效地解决问题。

（二）无损检测技术

1. 射线探伤

使用射线的方式在各异构成或者介质当中，依照不同的衰减程度对检测物质存在问题的方面进行检测，通常对于射线的使用，主要分为X射线和γ射线以及中子射线等，让需要进行探测的部位让射线进行穿透，而后使用相应的检测器来对射线的强弱程度进行检测，同时还要对探测的位置实施不断的变换，以此来有效的查找出射线的强弱程度和不同位置的差异性，因此也就能对电梯各机械部件产生缺陷的位置进行精准的确定。

2.超声波探伤

对电梯增加相应的超声探头，超声会使用传递的方式从电梯的表面传输到其内部，在碰到电梯内的内壁以后会产生相应的反射，而后使用能够有效对反射波进行收集的仪器进行全面的收集，与此同时，在收集反射波仪器的屏幕中可以将脉冲波形进行全面地展现。对缺陷位置进行判定的标准为依照反射波的特征来进行。

3.红外线探伤

相应的物体在不同程度下都会有温度的存在，而且会向外界散发相应的温度，且红外辐射的强度与温度成正比。被动式检测是在对电梯进行检验的期间，对于可自发热的工件可直接利用其本身的温度进行检测，而对于工件本身温度较低的可对其进行人工加热，通过热量在工件内部传输，由于工件完好部位与缺陷部位的热导率不同导致其红外线辐射强度也不同，此时利用红外线热成像仪就可记录下工件表面的热成像图，即温度场分布图，从而找出缺陷或损伤部位。

（三）曳引钢丝绳漏磁检测技术

这种技术主要是对电梯内部的磨损情况和设备运行的准确程度进行检测，其主要原理是借助磁铁所产生的磁场变化，在与电梯中容易发生故障部分进行磁场比较，以此来得出发生故障的位置。在实际检测的过程中，电梯检测人员将相应的磁场传感装置放在电梯的各个部分，在与其中的常规磁场进行比较之后，可以将磁场变化产生的信号传输到计算机当中，结合电梯的实际运行参数，来对这些磁场变化数据进行计算分析，这样就能够准确的得出电梯内部的实际情况，根据这些内容，可以进行下一步的安排和分析。

（四）噪声检测技术

噪声检测技术能够对电梯的综合情况进行检测，在实际检测的过程中，可以设置一定数量的检测点，并且将测声压级传感装置放置地面上方一定距离的位置，在对这些检测点噪声进行检测和收集的过程中，选取其中的最大值，这样就能够对电梯的实际运行数据进行准确获取，同时也能够得到电梯的实际运行状况。

三、电梯检验检测技术的发展

（一）绿色化

需要重视低碳性与环保性，实现对电力资源的有效节约，将电梯检验技术与应用技术相结合，发挥两种技术的优势。电梯检验技术的绿色化主要是实现检验手段环保和重复性，应用环保型检验材料进行磁力线锤的制作，保证监测工作的顺利进行，防止电梯问题的出现，另外，有效减少资源的浪费，降低对环境的污染。

（二）智能化

智能化电梯检验设备能够实现对人工技术的替代，提升数据的精准性，有效降低人工检测的成本，规避人工检测过程中的风险，切实保证检测过程的安全性。同时，智能化检测获取的数据更具准确性，能够实现对故障的更好处理。

（三）远程化

借助远程化技术，实现电梯部门与物业部门的内部连接，发挥远程监控设备的作用，了解电梯内部突发情况，以便在遇到电梯故障的时候，及时进行故障排查。远程技术综合了故障排查与维修功能，借助计算机，实现对电梯运行的分析和研究，及时传达电梯内部情况，提升电梯维修的效率。

随着技术的不断发展，要注重技术创新，以更好地满足电梯安全性能的需要。要结合电梯检验设备的特征，全面了解检测技术，采取更加科学与有效的电梯检验方式。同时，加快智能化和信息化建设，促进检验技术的顺利应用，切实保障电梯设备运行安全性。

第三节　电梯综合检验检测系统开发

电梯综合检测系统集成了五大模块的功能，采用模块化的设计思路，其中每一模块的开发又包括硬件电路的设计以及嵌入式软件的实现，二者对于支撑整个电梯综合检测系统的稳定、可靠工作起着同等重要的作用。

一、电梯扶手带测速方法的研究

（一）电梯扶手带速度检测背景

自动扶梯与自动人行道的扶手带在设计之初就已经考虑到了其运行速度相对梯级或者踏板的同步程度，即同步率的问题。当然，两者之间保持绝对的同步对于紧握扶手带的乘客来说能够获得很好的体验，但在实际操作层面很难达到这一要求，而且此举的必要性并不是很大。国家相关标准规定，电梯扶手带的运行速度相对踏板、梯级或胶带允许有0-+2%的偏差，也就是说扶手带的运行速度可以稍快于梯级或者踏板的。但在电梯长期运行后，由于种种因素的影响，可能会出现扶手带运行滞后梯级或者踏板的现象，如果滞后太多，此时当乘客紧握扶手乘梯，很容易出现身体后倾跌倒等事故。因而对自动扶梯及自动人行道扶手带运行速度的检测也是电梯定期检验过程中一项很重要的内容。

（二）现阶段采用的检测手段简介

目前，国内某些特种设备监督检验机构在对电梯扶手带运行速度进行检测时，主要采用人工手段完成。检测流程如下：检测开始前，在自动扶梯和自动人行道的扶手上标定一块长度为 ΔL 区域，标定结束后，然后开梯运行，并用秒表自 A_0 处开始计时，待标定点 A_1 运行到原 A_0 点所在位置时停止计时，用秒表记录下此段时间间隔 Δt，最后根据公式 $U=\Delta L/\Delta t$ 间接计算出扶手带此段时间间隔内运行的平均速度，并以此作为判断检定结果是否符合要求的依据。

上述方法在理论上是完全可行的，但实际检测过程中对人的依赖性较大，用秒表记录时间会不可避免地计入人的反应时间等不可控成分，若标定长度选取不合理（如过短等情况），各种误差的累积效应会对检测结果的置信度产生一定影响，而且此方法的检测效率较低，对同一目标电梯的检测有时可能需重复多次，以期获得一个较可靠的检测结果。综合以上考虑，十分有必要提出一种电梯扶手带运行速度自动检测方案，最大程度上降低人在操作层面对检测结果带来的不良影响，并直接以数字方式显示扶手带的实时运行速度或者相对梯级、踏板的同步率。

（三）综测系统的扶手带测速方案

目前对自动扶梯和自动人行道扶手带速度检测时，可能导致检测结果不准确的最主要因素来自测量时间的获取上。借鉴其测速思想，从两个方面加以改进，可有效提高检测精度和效率：一是使用定制的标准测速带色标取代目前的现场长度标定；二是借助传感器准确获取色标带上标定区域的通过时间，取代传统的人工计时方式。

二、系统测量数据无线传输技术的研究

对于电梯综合检测系统的检测结果，设计要求一方面能够通过手持综测仪配置的LCD屏显示，另一方面能够把检测数据无线发送至检验人员随身携带的手机或者PAD等移动终端，进行实时的存储与查看。本部分内容将围绕后者实现的技术展开研究，通过对常用的数据无线传输技术的研究与比较，并结合本综测系统的功能定位及经济性方面的考虑，选择了蓝牙传输方式并对其具体实现进行了详述。

数据的传输可以通过有线和无线两种方式实现。目前，对于重要场所的监控、报警系统的数传大多采用有线连接的方式。采用有线方式存在布线复杂、成本高、容易老化等缺点，随着技术的发展，数据的无线传输逐渐成为一种趋势。无线通信较之传统的有线方式，具有成本较低、受地理环境影响较小、通信方式选择灵活等优势，可以根据通信距离及传输速率等具体要求来选择相应的传输方式。

（一）GSM/GPRS网络

随着TD-LTE、FDD-LTE两种4G技术标准的商用，中国移动通信产业正向4G时代迈进。虽然时下热门的3G、4G网络在数据传输速率方面有着得天独厚的优势，但在网络覆盖面、抗干扰能力、通信可靠性等方面GSM/GPRS网络仍然不可替代。

GSM即全球移动通信系统，是由欧洲电信标准组织ETSI制定的一套数字移动通信标准。自上世纪90年代中期投入商用以来，已成为当前应用最广泛的移动电话标准。

GSM系统与第一代的模拟蜂窝技术相比最大的不同在于，其信令和语音信道都为数字式，因此被看作是第二代（2G）的移动通信系统。GSM系统在结构上主要由四部分组成：移动台（MS）、基站子系统（BSS）、移动网子系统（NSS）以及操作支持子系统（OSS）。

1. 移动台（MS）

移动台是GSM系统中直接由用户使用的设备，其类型包括手持式、车载式和便携式三种。

GSM系统实现了物理设备和移动用户个人信息之间的分离。所有与用户有关的无线接口一侧的信息都被存储在SIM卡上，而物理设备可以是手持机、车载机或由移动终端直接与终端设备相连构成。

2. 基站子系统（BSS）

基站子系统通过无线接口与移动台直接进行通信连接，负责数据的无线发送、接收和无线资源的管理。同时，基站子系统又与网络子系统NSS的移动业务交换中心MSC相连，实现移动用户之间以及移动用户与固定网路用户之间的通信连接、传送系统信号和用户信息等。BSS在结构上由两个基本部分组成：基站收发信机BTS和基站控制器BSC。其中BTS主要负责无线传输，BSC主要负责控制和管理。

3. 网络子系统（NSS）

网络子系统又称为交换子系统，它由一系列的功能实体构成，各个功能实体之间以及NSS与BSS之间均通过符合CCITT信令系统的No.7协议通信。该系统主要包含GSM系统中实现主要交换功能的交换中心和用于对用户数据、安全性进行管理所需的数据库，对GSM网络用户间以及GSM用户和其他网络用户之间的通信进行管理。

与GSM网络相比，GPRS（General Packet Radio Service）通用分组无线服务技术突破了GSM网只提供电路交换数据传送的模式，引入了分组交换和分组传输的概念。GPRS利用GSM网络中未使用的TDMA信道，通过增加GGSN（网关GPRS支持节点）、SGSN（服务GPRS支持节点）等功能实体并对现有的基站进行部分改造来实现分组交换，达到提高数据传输率的目的，其理论传输速率峰值可达171.2 kbps。因而GPRS常被描述成2.5G，是采用GSM技术体制的第二代移动通信技术向第三代发展的过渡技术。

在GPRS分组交换通信方式中，数据被分成一定长度的数据包（Packet），并且每个数据包前面包含一个分组头。数据在传送之前不需要像GSM网络预先分配信道，建立连接。只在数据包到达时，根据数据报头中的信息，临时寻找一个可以利用的信道将数据报发出去。在这种传送方式中，数据的发送和接受同信道之间没有固定的占用关系，信道资源可以视为所有用户共享。因此采用分组方式进行数据的传送能够更好地利用信道资源。

GSM/GPRS网络覆盖面很广，较适合于远距离的数据传送需求。对于利用GSM/GPRS网络进行数据传输的系统在结构上一般由三部分组成：远程的数据测控终端（RTU）、移动运营商的GSM/GPRS网络以及远端的监控中心。

此类系统的工作流程如下：RTU经过初始化设置后，负责对现场数据进行采集并按照一定的传输协议对数据封包，通过基站与GPRS服务支持节点和GPRS网关支持节点建立通信链路，将分组数据包传送至与Internet相连的远程监控端。监控中心在接收到数据之后，经过分析可通过GPRS网络对远程的RTU进行相应的控制与命令下达，并且在完成数据的传输之后，用户可以选择让远程的RTU保持在线或者进入省电的低功耗模式。

（二）数传电台

数传电台，是指利用超短波无线信道进行数据远程传输的电台。为实现数据在无线信道上的高速、可靠传输，数传电台在常规超短波调频电台的基础上植入了Modem（调制解调器），在进行数据发送时通过Modem调制器把脉冲信号转换成模拟信号，接受时则相反，通过Modem的解调器把接收到的模拟信号还原成脉冲信号。

使用数传电台进行数据的传输，具有简便、可靠、网络延时少、实时性较高、通讯距离较远的特点，而且数传电台使用的频段223.025-235MHz在无线电管理中的限制并不十分严格，与架设专线相比，具有很好的经济性。此外，数传电台支持Modbus、Profibus等总线协议，可与RTU、PLC等数据终端直接相连，在工业控制领域应用广泛。

基于无线数传电台的数据传输系统。由上、下位机和主从数传电台以及连接两者之间的串行接口电路组成。下位机可以是以单片机作为控制核心的数据采集系统，将现场采集到的数据通过RS232接口传给数传电台从机，从机接受数据经过调制处理之后，通过超短波无线信道传输至远端的数传电台主机，解调后经串行接口交由上位机，对现场运行状态、参数进行分析与存储。

（三）蓝牙技术

蓝牙（Bluetooth）技术是由诺基亚、爱立信、IBM、英特尔、东芝等五大公司于1998年提出的一种无线数据与语音通讯的技术规范。该技术以低成本、短距离的无线通信为基础，为包括手机、PDA、笔记本、无线耳机等设备间提供无线的信息交换。蓝牙技术工作在全球通用的2.4GHz ISM频段，可采用皮可网与分散式网络等组网模式，支持点对点以及点对多点间的通信，使得短距的数据传输更加迅速、高效。此外，使用蓝牙通信方式还具有移植性好、蓝牙地址唯一安全性较高、设计开发方便等优点，在众多的短距无线通信技术中应用广泛。

自特别通信小组SIG制定第一代蓝牙通信标准以来，蓝牙技术已经历了4代的发展，以期在数据传输速率、安全性及能耗等方面能够更好地满足系统产品的需求。蓝牙1.0规范针对点对点的数据无线传输，给出了标准数据传输的分组类型及格式。随后推出的1.1版本则将蓝牙1.0中的点对点通信扩展为点对多点间的数据传输，并规定了蓝牙传输速率的峰值为1Mbps。之后的1.2版本保持了蓝牙1.1相同的传输速率，但在数据传输的抗干扰能力和设备间识别速度上进行了增强和改进，同时向下兼容蓝牙1.1版本的设备。

发展到蓝牙2.0版本后，增加了EDR（Enhanced Data Rate）协议，使得蓝牙的数据传输性能得以提高，其数据传输速率可达蓝牙1.2的3倍。蓝牙2.1+EDR规范在2.0版本的基础上，对数据传输过程中的安全性、功耗以及装置配对流程等特征进行了改善。目前，较新的蓝牙技术版本是蓝牙3.0+HS高速核心规范和发布的蓝牙4.0低功耗规范。其中4.0规范是对蓝牙3.0+HS的补充，进一步降低了数据传输过程中的能耗，而前者由于采用了交替射频技术且集成了IEEE 802.11协议适应层，数据传输速率有了质的提高，达到了24Mbps。

第四章　起重机械检验检测技术研究

第一节　起重机械检验检测技术发展现状

随着社会的发展，建筑工程的发展也有了很大的进步。当前我国建筑工程项目的发展较快，很多建筑工程的规模较大，在技术上要求较高，更加离不开一些大型机械设备的支持。其中建筑起重机械对于很多建筑工程的开展具有非常关键的作用，尤其是在一些高层建筑项目、大规模的建筑项目中还必须使用大型的起重机械。起重机械的使用减少了人力成本，也避免了人力工作带来的危险，提高了工作效率，但是由于起重机械属于结构较为复杂的大型机械设备，为了确保工作的顺利进行，对其进行检测检验工作就非常必要。

近些年，随着国家城镇化建设的进一步推进，建筑业蓬勃发展，建筑起重机械尤其是塔式起重机、施工升降机应用广泛，各地住建委大力推进建筑起重机械检验工作，建筑起重机械检验机构迅速壮大，对建筑起重机械重大隐患控制起到了明显的促进作用，但在实践中，我们也发现了建筑起重机械检验市场出现的一些乱象，不得不引起大家的重视和思考。

一、起重机械的检测检验的类型和内容

（一）新设备安装时的检测检验工作

在建筑工程项目开始时，会随着工程进度安装一些起重机械设备，其中，新设备安装时为了确保之后工作的顺利开展，必须进行必要的检测检验，这时检测检验需要在设备生产商或者是专门的检测检验机构人员来进行，对安装好的起重设备进行全方位的检测以及工作的调试。

（二）对起重机械设备改装、维修之后的检测检验工作

起重器械设备如果不能直接满足建筑单位的需要或者是出现故障的话，就必须对

其进行再次的检测检验工作，这时的检测检验工作也是为了确保改装和维修后的起重机械能够再次投入正常工作状态，避免之后再出现问题。

（三）对起重机械设备的定期检测检验

起重机械设备在投入使用的过程中会出现一些磨损或者是损耗，很多起重机械设备的损耗都是在内部的，比如内部的电机、零部件可能出现一些磨损。而且在建筑项目建设中，往往是人休息、机器不休息的状态，因此，长期处于工作状态的建筑起重机械更容易出现问题，为了防患于未然，需要对建筑起重机械设备进行定期的检测检验，检测检验结束后还需要对其进行定期的保养工作。

二、建筑起重机械检验机构的发展

国家建立检验检测制度以来，较长一段时间内均由当地特种设备检验院（所）等技监系统事业单位实施建筑起重机械检验，鲜有国有企业或者私营企业获得相应资质资格。

三、关于建筑起重机械检验的思考

（一）建筑起重机械检验社会化

一味的开放市场，靠市场解决所有问题，不考虑机构数量与设备数量的匹配，必然带来混乱，这也是目前不少省市建设主管部门头疼的地方；然而，也不能走老路，搞圈地的方式，固步自封。因建筑起重机械检验行业的特殊性，适当的市场化，即社会化检测（一定范围内的有序竞争）也许是值得推荐的一种方式。质监部门负责检验资质“核准”，建设主管部门负责检验资质“授权”，核准是资质许可，授权是市场准入。这就有效解决了机构数量与设备数量不匹配、恶性竞争的问题，当然“授权”的法律依据不足，需要相应文件跟进，以便达成共识。

（二）政府监管跨部门协作，深化市场监管

持续推进“双随机、一公开”的市场监管机制，增加深度和广度，加强建设主管部门和质监部门的协作，强化检验过程控制。如果能在法律法规层面理顺建筑起重机械检验检测管理体制，统一监管手段和监管责任，将使建设主管部门面临的很多问题迎刃而解。

（三）持续提高检验人员能力水平与责任心

建筑起重机械检验属于移动作业，环境和对象多变，影响因素复杂，检验员群体是关键，其水平高低、责任心强弱直接影响检验结果的公正性和行业的整体水平，虽然国家建立了一套完整的检验人员考核体系，但只是针对取证、复证而言，在日常工作过程中，人员表现与检验机构的风格密切相关，主管部门可以考虑进一步强化检验员能力水平，责任心过程考核，实施诚信积分、加大处罚力度等，从而控制住检验检

测中的关键环节。

（四）推广检验检测信息管理系统

借鉴互联网思维，应用互联网技术，优化信息系统进行检验检测流程控制，可推广现场APP进行检验检测，及时将影像、检验数据等相关信息录入，留下痕迹，通过流程管控及大数据分析监管行为，促进行业进步。

（五）推进诚信体系建设，加强守法守规意识

诚信执业是检验检测机构不可逾越的道德底线，检验检测机构应具备与之相适应的能力和执业操守。国家制定了国标GB/T31880-2015《检验检测机构诚信基本要求》，在资质评审、检测信息统计上报、机构年度报告等环节也要求进行公正性、诚信、遵纪守法等方面的承诺，但往往约束力不足，存在说一套做一套的情况，推动诚信体系建设显得很有必要。诚信体系建设是系统工程，最好从国家层面建立制度与细则，在此，呼吁大家一起努力。

建筑起重机械检验是起重机械安全使用控制的关键环节，其过程实施是否规范准确，对设备安全将产生显著影响。上述提到的检验社会化、政府监管跨部门协作、检验人员能力与责任心提高、诚信体系建设等措施和手段都涉及诸多因素，不是一蹴而就的，需要长期的努力。就促进行业进步效果来看，较推荐信息化管控手段，一方面影响因素少，相对好操作，另一方面，直接效果明显，政府主管部门也可推荐实力雄厚的检验机构率先尝试，以点带面，推动发展。法律条文有涯，而具体情况无涯，如果事无巨细，全靠规定，必然会造成专业壁垒越来越高，徇私机会越来越多，陷入困局。建筑起重机械检验机构正确处理经济效益与社会责任的关系，诚信经营，积极自觉遵守法律法规、独立公正从业、履行社会责任才能彻底解决市场乱象，这也是我们追求的目标。

第二节　起重机械常用检验检测技术

随着社会经济的高速发展，社会的产业结构更加丰富，特种设备对我国的社会主义现代化建设起着十分重要的推动作用，尤其是在煤矿企业中，需要充分依赖特种设备，例如起重机械设备，可用来确保采煤工作的顺利进行。但是现阶段，煤矿企业对特种设备中的起重机械在安全管方面存在着一些薄弱环节，限制了设备的正常使用性能，在此基础上，本节将着重分析特种设备中起重机械的检测技术，最大程度的降低重机械在使用过程中经常出现故障。

一、射线检测技术

射线检测技术是应用在起重机械的常见检测技术，在检测过程中需要利用X射线穿透被检测的起重设备，然后根据穿透时间的长短来具体判断设备的运行情况。在起重机械中，焊接材料占有十分重要的地位，所以为了保证起重机械的稳定性，就一定要严格保证焊接材料质量，确保所使用的材料符合设备的使用要求。而且焊接材料本身也要具备均匀性与一致性的优势，并且保证焊接材料的技术参数达到国家规定标准。在此基础上方可利用X射线进行穿透检测。具体的检测方式为判断在特定时间内设备同等材料所产生的穿透时间是否一致，如果时间一致，则代表设备内部稳定合格；如果时间数值不等，则代表在起重机械内部存在着质量问题。由此可以看出，利用射线检测技术可有效检测起重机械的运行状态，能够为技术人员提供可靠的数据支持。虽然射线检测技术可以对起重机械进行全面检测，但是客观的说，射线检测技术的检测结果并不十分理想，所以仍旧需要对起重设备进行可靠的事前质量控制。

二、无损检测技术

无损检测技术也是进行起重机械检测的常用技术。此项技术在应用过程中，可有效检测出起重机械的质量问题，其检测内容包括检测对角接焊缝是否存在内部质量缺陷、检测材料对接内部是否存在质量缺陷等。无损检测技术应用在起重机械检测过程中，其工作重点为检测起重机械的焊缝质量。首先需要科学选择超声波探头，此时需要充分了解焊接的实际情况，并充分考虑到板厚等因素，从而选择最合理的超声波斜探头。其次，在利用斜探头检测焊缝质量时，也对焊缝的安置提出了更高要求，一定要保证焊缝安置在中心垂直线上并且焊缝面朝上，在进行扫查工作时，也要对焊缝的两侧进行扫查。由此可最大程度的保证检测结果的准确性。最后，在检测角焊质量时，要细化所有的检测环节，具体为：细致检测直探头内侧的接板；详细检测起重机械主板内侧的直探头与斜探头；检测起重机械外侧接板的斜探头；检测起重机械内侧阶版的斜探头；检测起重机械主板的外侧斜探头。在上述检测过程中一定要注意腹板的厚度，腹板厚度检测值是判断起重机械是否存在缺陷的重要标准。

三、磁粉检测技术

磁粉检测技术在应用过程中，需要仔细检测起重机械的对表面与近表面之间的裂纹，裂纹检测在起重机械检测过程中有着十分重要的作用。磁粉检测技术的应用，不仅可有效检测出起重机械中各个零部件的焊接质量，同时也可有效检测起重机械的钢结构质量。在具体的检测过程中，需要对检测表面进行干燥处理，同时进行彻底清洁，清除在检测表面附着的铁锈、油脂与氧化皮等杂质。此时可以采用打磨的方式来进行具体的清除工作，需要注意的是在清除过程中一定要降低打磨对设备零部件的影响。在彻底清除干净后，就可以对起重机械进行磁粉技术检测，为了进一步提高检测精准度，可使用灵敏度更高的荧光磁粉。

四、渗透检测技术

裂纹检测是起重机械检测的重要内容，一旦起重机械出现裂纹，将会对起重机械的使用性能产生严重影响，严重时会导致极为恶劣的生产事故。但是在特种设备中起重机械具有众多类型，不同类型的起重设备具有不同的内部材质与不同的结构，然而磁探仪在使用过程中获取相对完整的固定零件资料，因此检测效果也就不尽理想，所以需要利用渗透检测技术全面检测起重机械零部件是否存在裂纹。与磁粉检测技术相类似，渗透检测技术在应用过程中也要求被检测表面具有高度的清洁度与光滑度，在具体开展检测工作时一定要合理使用荧光渗透剂，荧光渗透剂可起到科学的辅助作用，确保在干燥、渗透与清洗环节，都能得到更加精准的检测效果。

五、电磁检测技术

电磁检测技术是起重机械的常用检测技术，电磁检测技术可以全面检查起重机械的不同部位，检测结果因检测部位的不同而不同。例如，在具体检测过程中，需要检测起重机械的表面涂层，其主要技术手段为涡流的提离效应，利用提离效应可以科学的完成对表面涂层的检测工作。在检测裂纹工作时，需要对金属试件进行局部磁化，然后在交变磁场的作用下，局部磁化就会产生电流，一旦催生出感应电流，此时就可利用电磁检测技术完成对起重机械的检测。电磁检测技术应用在起重机械的检测过程中，能够获得更为准确的裂纹检测数据，特别是对钢丝绳的检测工作，具有非常高的综合利用率，因此可有效保障起重机械的安全性能。

六、声发射检测技术

声发射检测技术应用在起重机械的检测过程中，其检测的重点主要放在起重机械的关键部位，特别是对一些容易出现裂纹的位置、容易出现腐蚀的位置以及受应力比较大的位置进行重点检测，所有的检测工作主要利用传感器来完成。通过合理使用传感器，然后对起重机械施加静载和动载，如果起重设备内部存在质量缺陷，那么就会反射出相应的声发射信号，根据这些声发射信号，技术人员就能够详细判断设备内部的具体情况，计算出详细的数据信息，然后科学判断缺陷位置并对缺陷位置进行妥善处理。在具体应用过程中，虽然声发射检测技术具有极高的检测精度，但是此项检测技术在实施过程中这有一定难度，具有十分复杂的操作步骤，同时也要求工作人员必须具备极高的技术素质，因此为了促进声发射检测技术的最大应用，相关企业一定要不断提高技术人员的业务能力，对他们进行系统的培训，促进声发射技术的具体落实，从而有效发挥出声发射检测技术的巨大价值，确保起重机械的正常运行。

综上所述，在改革开放的几十年间，随着我国经济的高速发展，煤矿的开采技术也在不断进步与创新，因此对特种设备也提出了更高要求。鉴于起重机械的重要作用，一旦起重机械出现故障，不仅会延误工期，严重时甚至可造成重大的生命财产损失，所以必须要对起重机械进行严格检测，确保起重机械具有稳定的使用性能。现如今最常用的检测技术有射线检测技术、无损检测技术、磁粉检测技术、渗透检测技术、电磁检测技术与声发射检测技术等，不同的检测技术具有不同的优势，但同时也具备一定弊端，对就需要相关技术人员在实际工作过程中必须对各种检测技术进行创新与完善，进一步提高起重机械的检测精准性，为煤矿企业的安全生产奠定扎实基础。

第三节　起重机械风险评估与预防

起重机械投入使用之后，零部件常会随着使用次数的增加出现磨损、裂纹等损伤，金属结构也常会出现腐蚀、变形、裂纹、失稳等缺陷，这些损伤或缺陷发展到一定程度就会导致设备失效（故障）甚至发生事故。研究起重机械的失效模式，对起重机械的健康状况进行安全评估，根据评估结果制定针对性管理策略（检查、维护保养、改造、修理、报废等）是起重机械使用管理的重要举措，能有效预防失效事件甚至事故的发生。近几年来，起重机械全寿命周期的安全评估工作在起重机械行业得到了使用单位设备管理的高度重视，也得到了特种设备监管部门的肯定和推广，产生了较好的效果。然而，安全评估工作是一个系统工程，需要一个循序渐进的过程，需要从检验检测、安全监控、健康监测、失效分析、评价方法和报废标准等方面进行技术联动，起重机械安全评估工作总体上还处于初级阶段，有很大的提升空间。

一、起重机械安全评估现状

（一）国内起重机械安全评估的进展

规范性的起重机械安全评估工作首先是从塔式起重机和施工升降机开始的，针对超使用年限的塔式起重机和施工升降机的安全评估，JGJ/T 189—2009《建筑起重机械安全评估技术规程》明确了安全评估的基本要求、评估内容方法及程序、评估判别、评估结论与报告和评估标识等。该标准主要针对裂纹、变形、腐蚀和磨损等失效模式的损伤程度进行安全评估，但该标准的评价方法主要是检测，判别结论只简单分为“合格”和“不合格”。GB/T 33080—2016《塔式起重机安全评估规程》在此基础上进一步进行了完善，将判断结果进一步分为“合格”“一般降级”“严重降级”“报废”等4种情形，将不合格又分为降级和报废等3种情形。

其他类型的起重机械的安全评估工作，随着《起重机械安全技术监察规程——桥式起重机》（TSG Q0002—2008）、《起重机械定期检验规则》（TSG Q7015—2008）、GB/T 6067.1—2010《起重机械安全规程》、GB 26469—2011《架桥机安全规程》以及《中华人民共和国特种设备安全法》的出台逐步得到开展。与此同时，为了满足不断增长的起重机械安全评估需求，广东、江苏、福建等省还陆续制定了起重机械安全评估的地方标准，如，DB44/T 830—2010《桥式起重机安全性能评估》，DB3206/T 208.1—2012《起重机安全评估准则第1部分：总则》、DB3206/T 208.2—2012《起重机安全评估准则第2部分：门座起重机安全评估准则》，DB35/T 1642—2017《港口大型起重机械技术性能评估规范》。为了进一步指导各地特种设备检验检测机构的起重机械安全评估工作，中国特种设备检验协会还组织制定了团体标准《起重机械安全状况评估准则》。

（二）存在的问题

与评估需求强烈相比，起重机械安全评估工作还不能完全满足要求。主要体现在检测能力和装备水平有待加强，实施监控的起重机数量偏少，导致数据的获取，特别是不拆卸的情况下还比较困难；失效数据库还未有效建立，导致风险级别的确定不够准确；起重机械报废标准体系尚未完全形成。

二、安全评估技术展望

安全评估工作是一个系统工程，涉及检验检测、安全监控、健康监测、失效分析、评价方法和报废标准等方面。要想进一步做好起重机械的安全评估工作，实际上就是要从以上诸多方面予以提升。

（一）检验检测技术

检验检测是安全评估的基础，大量的评估信息靠检验检测提供。具体涉及无损检测、应力测试、理化试验等。检验工作还涉及拆卸检验和在线检验，对不拆卸检验的需求很强。

1. 无损检测技术

无损检测可以查找零件（构件）的微观缺陷，是安全评估的基础之一。常规的无损检测方法有射线检测（RT）、超声检测（UT）、磁粉检测（MT）、渗透检测（PT）等。近年来，无损检测技术飞速发展，各种新技术层出不穷，如数字平板射线检测技术、超声相控阵技术、超声衍射时差法（TOFD）、电磁超声技术、红外超声检测技术、声发射技术、超声导波检测技术、脉冲涡流检测技术、柔性涡流阵列检测技术、漏磁检测技术、磁记忆检测技术、太赫兹检测技术等。除了射线检测（RT）、超声检测（UT）、磁粉检测（MT）、渗透检测（PT）在起重机上得到普遍应用外，漏磁检测技术已在钢丝绳探伤上得到广泛应用，随着无损检测新技术的出现以及在起重机械上的应用，声发射技术和漏磁检测技术等新技术也在起重机械上得到应用。

2. 常规应力测试技术

应力和应变的测试是评价起重机状态的重要手段，通过测试零件、结构的受力和工作状态，确定应力、应变、位移、力、载荷及加速度等力学参数的变化，从而解决结构和机械强度、刚度等问题。在此，只测试到起重机的工作应力，不含残余应力和自重应力，故或许不够准确。

3. 残余应力测试技术

目前，起重机械金属结构制造时工艺水平不高，一般都未进行消除残余应力的退火处理，残余应力较大。而残余应力的存在对材料的疲劳、耐腐蚀、尺寸稳定性都有很大影响，有许多因残余应力的存在导致早期失效案例。因此，有必要对残余应力进行测定，这也是安全评估的基础之一。残余应力测定方法有X射线应力测定法、磁性法、超声波法、盲孔法、扫面电镜法等。另外，当前尚未有起重机械残余应力的测试标准。

（二）状态监测技术

状态监测包括安全监控和及金属结构的健康监测，状态监测信息是起重机械安全评估信息获取又一重要来源，更是实时安全评估的前提条件。

状态监测就是通过先进传感技术监测设备主要参数、安全保护状态、损伤等情况，结合先进的信号信息处理技术，进行结构特征参数和损伤状况的识别与结构性能的评估乃至未来服役周期内的性能预测，从而保障结构安全与实现结构预防性管保养的技术。

TSG Q7016—2016《起重机械安装改造重大修理监督检验规则》提出了《安装安全监控管理系统的大型起重机械目录》；GB/T 28264—2017《起重机械安全监控管理系统》在总结经验的基础上也已颁布实施。随着监控数据的获得和数据库的建立，必将对起重机械的安全评估工作产生积极的影响。

（三）失效分析技术

1. 失效分析技术发展趋势

（1）从感性向理性转变

目前，失效分析主要依据经验或根据已有的断口、裂纹、金相图谱进行，但现有图谱和案例集基本上是损伤定性的“特征诊断”，虽有一些定量分析的结果，但大多只是特定条件下的定量分析，不能给出损伤失效特征随条件变化的系统规律性认识的诊断依据。疲劳断口定量分析常用方法主要有统计方法、理论方法和工程方法等。

①统计方法需要对潜在的失效模式进行大量的试验分析，统计分析断口参数与失效因素的关系，从而指导实际构件失效的断口定量分析，该方法适合于简单型式构件。

②理论方法通过失效机理研究，把断口微观和细观尺度的现象与宏观行为联系起来，把微观细观范畴的断口形态描述参量与宏观的力学参量等联系起来，已成为损伤力学和细观力学的研究范畴。

③工程方法通过断口宏观、微观参数关系的测量，利用一些已证明正确和成熟的简单经验关系式进行指导，从而较为准确地定量分析出失效因素。

（2）计算机辅助失效分析

①材料环境损伤的演化诱致突变及其预测

材料的失效取决于材料的环境行为，材料与服役条件交互作用的结果，使材料的组织、结构和性能发生变化，最终导致材料失效。材料的环境失效机理涉及材料、物理、化学、机械、电子等学科领域。通过建立、发展和完善与环境失效有关的模式、诊断、预测和控制等理论，最终将建立复合作用下材料和结构的寿命预测模型，完善复杂环境下材料与结构的损伤容限模型、剩余寿命估算方法、耐久性分析技术和日历寿命分析技术，进一步研究新型防腐蚀、损伤愈合、止裂和表面工程技术。

②结构件的安全可靠性评估技术

结构件的安全可靠性评估不仅需要对过去同类产品的使用数据收集和统计分析，还涉及表征构件各种基本参数的分散概率及其对构件失效影响的研究。在此基础上，建立构件安全可靠性或失效概率的物理数学模型，通过数值计算和实验或计算机模拟验证，从而达到产品和构件安全可靠性评估的目的，使产品在规定工作条件下完成规定功能，并在规定的使用寿命内因断裂等造成失效的可能性降低到最低程度。由于材料或构件的失效过程很复杂，至今尚无预测材料、构件和设备的损伤倾向和评估剩余寿命的有效手段，对于失效机理和失效过程的认识仍是唯象的和定性的，用计算机模拟材料和构件失效的动力学过程，不仅可证实失效机理和失效原因的分析是否正确，还为材料和构件的设计提供了科学依据。

失效过程的计算机模拟与辅助诊断包括失效库的建立、断口的三维重建与模拟、损伤过程的动力学模拟和再现等。在此基础上，借助神经网络原理，最终形成具有自学习功能、用于分析材料及构件损伤行为和失效机理的人工智能系统。

（3）电气控制系统的失效分析

由于对电气控制系统的要求越来越高，其出现失效与故障的频率居高不下，加之电器元件（电子元器件）种类繁多，其功能各式各样，故失效形式常常具有随机性和偶然性，失效分析工作面临的领域更广，难度更大。控制系统功能繁多，失效模式复杂多样，分析检测的难度很大。

（四）安全评估方法

起重机械是由机构、结构、电气、液压、安全保护等组成的复杂系统。安全评估时，可针对各系统的特点采用相应的评估方法。目前，常用安全评估方法有安全检查（SR）与安全检查表分析（SCA）、预先危险分析（PHA）、故障类型及影响分析（FMEA）、危险可操作性研究（HAZOP）、事件树分析（ETA）、故障树分析（FTA）、作业条件危险性评价法（LEC）等危险指数评价方法（RR）等。

常用安全评估理论有模糊综合评价法、人工神经网络、模糊神经网络、支持向量基、基于灰色理论的评价方法、基于组合赋权风险评估方法、基于未确知测度理论的评价方法、基于fisher判别法的起重机械安全评价等。

寿命评估预测方法有基于力学的寿命评估方法、基于概率统计的寿命评估方法、基于信息新技术（人工智能和设备状态监测）的寿命评估方法。明确具有独立自主知识产权的起重机械安全评估方法很少。

起重机械安全评估作为使用管理的重要内容，工作需求量大，对评估人员的能力和检测装备要求较高，对报废标准的对应性强，故采用风险评估的模式成为主流。提高安全评估工作绩效，要从检验检测、状态监测、失效分析、报废标准的制定和评价方法的研究多方面着手。基于损伤失效模式的安全评估，为最终实现起重机械全寿命周期的健康管理，有效预防故障的产生打下了基础。

第五章　特种设备检验、检测的监督管理

第一节　概述

一、特种设备检验、检测的相关概念

（一）特种设备检验检测和特种设备检验检测机构的概念

在《特种设备安全法》实施前，一直将特种设备检验和特种设备检测统称为特种设备检验检测，将特种设备检验机构和特种设备检测机构统称为特种设备检验检测机构，将特种设备检验人员和特种设备检测人员统称为特种设备检验检测人员。

特种设备检验检测包括对特种设备产品、部件制造过程和安装、改造、重大维修过程进行的监督检验；对在用特种设备进行的定期检验；对特种设备产品、部件的型式试验；对特种设备进行的无损检测等活动。

特种设备检验检测机构是指从事特种设备检验检测的机构，包括综合检验机构、型式试验机构、无损检测机构、气瓶检验机构。其中综合检验机构又分为事业性质检验机构（质检系统所属特种设备检验检测机构）、企业性质检验机构（原行业检验机构）和企业自检机构。

上述检验检测机构，可按单位性质、工作特点和业务范围大致可分为以下三类：

第一类是事业性质检验检测机构，是履行特种设备安全监察职能的政府部门设立的专门从事特种设备检验检测活动、具有事业法人资格且不以营利为目的公益性检验检测机构，可以从事特种设备监督检验、定期检验和型式试验等工作。

第二类是企业性质检验检测机构，是在特定领域或者范围内从事特种设备检验检测活动的检验检测机构，可以从事特种设备型式试验、无损检测和定期检验工作。

第三类是企业自检机构，是特种设备使用单位设立的检验机构，负责本单位一定范围内的特种设备定期检验工作。

（二）特种设备检验机构、检测机构的特点

《特种设备安全法》明确了特种设备检验、检测以及特种设备检验机构和特种设备检测机构的定位，不再将检验、检测统称为检验检测，也不再将检验机构、检测机构统称为特种设备检验检测机构。

《特种设备安全法》规定的监督检验、定期检验、型式试验和设计文件鉴定是一种技术性的监督，是一种法定的，验证性的工作。从事上述检验工作的检验机构是法定检验机构，作为非营利性的公益性质的机构开展工作，这些机构的设立应当与其承担的检验工作相适应，需要合理布局。

检测机构作为第三方的服务机构，受生产、经营、使用单位的委托，为生产、经营、使用单位的自行检测、自行检查提供检测、检查服务，并且为生产、经营、使用单位负责，其检测、检查工作也应当符合安全技术规范的要求。检验机构在从事检验工作中，需要进行检测时，也可以委托检测机构实施。检验机构经过相应核准，也可以从事检测工作。

二、我国特种设备检验检测机构发展情况简介

（一）特种设备检验检测机构的发展历程

特种设备综合检验机构的发展，可分为三个阶段：第一个阶段（20世纪70到80年代）为初创阶段。第二个阶段（20世纪80到90年代）为规范、提升内部建设阶段。第三个阶段为快速发展阶段（整体划入质量技术监督系统后），在该阶段，检验机构跨入了快速发展的阶段，尤其是在近几年，检验机构提高了综合实力与管理水平，增强了责任意识与服务观念，改进了工作方式与检验质量，完善了制度体系与队伍建设，同时也改善了技术装备与检验条件，规范了行业自律与检验行为。大量的数据表明，几年来各地检验机构的变化在原有的基础上有了质的飞跃，促进了特种设备检验检测行业的整体发展，进一步树立了检验机构的权威，增强了检验机构抵御风险的能力。

无损检测机构的发展历程相对较短，开始于20世纪90年代末期，21世纪以后，得到快速发展，近年来已经开始注重品牌建设，一批规模大、能力强、品牌形象好的无损检测机构队伍已经形成。

（二）21世纪初期，我国特种设备检验检测机构的主要发展情况简介

①机构数量发生较大变化，除无损检测机构数量增加外，综合检验机构、气瓶检验机构数量均有不同的减少。综合检验机构中事业性质检验机构的数量减少是由于在21世纪初期，同一行政区内的原承压类特种设备检验机构和机电类特种设备检验机构合并以及省、自治区范围内各市或者一些市（地区）与省质监局直属的检验机构合并，已有多个省、自治区质量技术监督局直属的检验机构与本省、自治区全部市、地区或者部分市、地区质量技术监督局直属的检验机构合并（个别地区还将几个原行业

检验机构并入)。②事业性质检验机构的规模化工作得到很大进展，我国较大型检验机构的数量有所增加。③全国检验检测行业总的从业人员有所增加，检验技术力量得到了很大提高。④检验检测业务实施方式发生一些变化。⑤21世纪初期，随着我国国民经济的快速发展，我国在用特种设备保有量也快速增加，与此同时，特种设备检验检测机构所完成的检验工作量也大幅度增加。⑥事业性质检验机构的业务工作向多样化方向发展。检验机构除按照责任范围分工承担相应的监督检验、定期检验工作外，按照各地方的具体情况，检验机构还开展特种设备行政许可的鉴定评审、特种设备作业人员培训、委托检验、型式试验、气瓶检验、安全阀校验、电梯、起重机械安全保护装置检验等工作。⑦检验机构的检验工作专业化程度有了很大提高。一是检验队伍工程技术人员比例增大，检验师以上检验人员增多。二是部分检验工作按照设备特点进行精细化分工，保证了从事相应设备检验的人员每年有足够的工作量，有利于提高熟练程度和经验积累，提高了检验工作的专业化程度。⑧检验机构检验工作规范化有了很大提高。⑨检验机构的检验能力有所增强。一是检验人员数量增加，检验水平有所提高。二是检验机构为满足核准要求和检验工作需要，在设备配备上投资较大，整体上来看，设备配备水平达到了一个新的高度。三是很多检验机构建立了检验基地，如汽车罐车、长管拖车、安全保护装置等检验基地。四是已经实现规模化的检验机构，人员的可调动性、机动性可以在一定区域内实现，能够适应石化企业大检修等较大检验项目检验工作的需求。五是新的检验检测技术的应用，如TOFD的广泛应用、压力容器、压力管道安全评定技术的发展应用等提升了检验能力。六是检验机构在信息化程度上了新台阶，尤其是检验软件的开发应用，提高了检验管理水平和工作效率。⑩我国的特种设备安全责任体系不断健全。 检验机构在经济规模迅速增加的同时，其办公条件、检验试验基地建设得到普遍改善。 检验检测机构的核准及监督管理工作得到进一步强化。21世纪初期，正值《特种设备安全监察条例》开始实施，针对高耗能特种设备节能监管工作要求，部分检验机构设立了专门负责工业锅炉能效测试的部门，进行了工业锅炉能效测试、能效检验方面的研究和人员培训，开始形成工业锅炉能效检验、检测能力。

三、对特种设备检验、检测活动的基本要求

（一）《特种设备安全法》的相关要求

1. 关于检验机构、检测机构的核准的要求

《特种设备安全法》规定：“从事本法规定的监督检验、定期检验的特种设备检验机构，以及为特种设备生产、经营、使用提供检测服务的特种设备检测机构，应当具备下列条件，并经负责特种设备安全监督管理的部门核准，方可从事检验、检测工作：①有与检验、检测工作相适应的检验、检测人员；②有与检验、检测工作相适应的检验、检测仪器和设备；③有健全的检验、检测管理制度和责任制度。”

该条规定的检验机构、检测机构的核准，目前执行的安全技术规范为TSG Z7001《特种设备检验检测机构核准规则》和TSG Z7004《特种设备型式试验机构核准规则》，该两个安全技术规范对核准条件作出了更为详细的规定。

2. 关于检验、检测人员的资格要求

《特种设备安全法》规定：“特种设备检验、检测机构的检验、检测人员应当经考核，取得检验、检测人员资格，方可从事检验、检测工作。”

检验人员资格考核执行的安全技术规范为《特种设备检验人员考核规则》（TSG Z8002—2013）。而检测人员主要是无损检测人员，今后可以包括理化检测人员等。无损检测人员考核执行的安全技术规范为《特种设备无损检测人员考核规则》。

3. 关于检验、检测人员的执业机构限制

《特种设备安全法》规定：“特种设备检验、检测机构的检验、检测人员不得同时在两个以上检验、检测机构中执业；变更执业机构的，应当依法办理变更手续。”

由于特种设备检验、检测工作对特种设备安全运行十分重要，其责任必须落实。规定从事特种设备检验、检测工作的检验、检测人员只能在一个检验、检测机构内工作，不允许检验、检测机构相互利用其人员来独立为本单位进行检验、检测工作。这方面，往往表现在资格审查过程和一些具体的检验、检测工作中，存在临时借人充数的现象。

该条检验、检测人员从事检验、检测工作必须在特种设备检验、检测机构执业的规定，只适用检验机构和专门为特种设备生产、经营、使用、检验提供检测服务的机构的人员。

4. 关于检验、检测工作应当遵守的规定及执行的规范的要求

《特种设备安全法》规定：“特种设备检验、检测工作应当遵守法律、行政法规的规定，并按照安全技术规范的要求进行。”

目前特种设备检验、检测机构及其检验、检测人员应当遵守的法律主要包括《特种设备安全法》《安全生产法》《产品质量法》等；此外，还有国务院相关的行政法规。检验工作执行的安全技术规范详见本书有关监督检验、定期检验、型式试验的相关内容。

5. 关于检验、检测服务质量的要求

《特种设备安全法》规定：“特种设备检验、检测机构及其检验、检测人员应当依法为特种设备生产、经营、使用单位提供安全、可靠、便捷、诚信的检验、检测服务。”

特种设备检验工作是一种比较特殊的服务工作，这种服务带有法定性，被检单位必须接受，否则要承担法律责任。检验机构对检验结果有最终的判定权，出具的检验报告具有法定的效力。而检测工作虽然是一种技术服务，但是其工作性质也不同于一般的技术服务机构，对检测结果具有一定的判断权。因此，为了保障《特种设备安全

法》和安全技术规范的有效实施、保护受检单位的合法利益，规范检验、检测机构及其检验、检测人员的服务质量是非常必要的。

为特种设备生产、经营、使用单位提供安全、可靠、便捷、诚信的检验、检测服务，主要指在检验过程中既要保证检验人员的自身安全，保证设备安全，也要防止对周围的危害。检验前应当做好充分的准备工作，包括对设备中储存介质的置换、有毒有害气体的检测、检验人员安全防护设置、防高空坠落措施、防止射线无损检测设备对周围的危害等，避免因准备工作不到位在检验过程中引起设备或人员的意外事故。历史上，在检验、检测过程中引起设备或人员的意外事故曾经多次出现。特种设备检验、检测机构工作在思想和行动上应当牢固树立服务意识，讲诚信、认真负责，做好检验、检测工作。做到不漏检，不误判，不因其他人为因素随意进行处理。检验要按照安全技术规范规定的检验周期和时间安排检验，按照安全技术规范规定的项目进行，开展检验、检测工作时，应当最大限度减少对受检单位的影响和负担，方便受检单位实现规定的特种设备检验、检测。

6. 关于检验、检测报告出具以及检验、检测结果和鉴定结论责任的规定

《特种设备安全法》规定："特种设备检验、检测机构及其检验、检测人员应当客观、公正、及时地出具检验、检测报告，并对检验、检测结果和鉴定结论负责。"

该条是关于检验、检测机构及其人员执业要求的规定。客观就要求严格按照安全技术规范，逐项对现场和特种设备一丝不苟的进行检验、检测，做到不漏检、不错检；公正，就是要严格依据安全技术规范及其检验、检测的实际情况进行分析、判断，不受人为因素的影响，比如检验、检测人员能否秉公履职，作出切合实际的判断和结论，不受地方利益或企业利益的干扰出具不符合实际情况的报告等；及时，就是要严格按照规定的时限出具检验、检测报告。

特种设备检验、检测机构及其检验、检测人员出具检验、检测报告，在检验、检测报告中给出检验、检测结果和鉴定结论，并对检验、检测结果和鉴定结论负责。

7. 关于检验、检测中发现特种设备存在严重事故隐患时的处理方式的要求

《特种设备安全法》规定："特种设备检验、检测机构及其检验、检测人员在检验、检测中发现特种设备存在严重事故隐患时，应当及时告知相关单位，并立即向负责特种设备安全监督管理的部门报告。"

8. 关于对检验、检测结果和鉴定结论进行监督抽查的要求

《特种设备安全法》规定："负责特种设备安全监督管理的部门应当组织对特种设备检验、检测机构的检验、检测结果和鉴定结论进行监督抽查，但应当防止重复抽查。监督抽查结果应当向社会公布。"

9. 关于生产、经营、使用单位的配合检验、检测义务的规定

《特种设备安全法》规定："特种设备生产、经营、使用单位应当按照安全技术规范的要求向特种设备检验、检测机构及其检验、检测人员提供特种设备相关资料和必

要的检验、检测条件，并对资料的真实性负责。”

特种设备生产单位在接受检验机构实施生产过程监督检验时，应当及时提供特种设备设计、制造、工厂检查记录等资料，为了便于特种设备检验机构的检验人员开展现场监督检验工作，生产单位应当在生产现场为检验人员提供必要的检验工作条件，如办公场所、必要的办公用品等，以保证检验工作质量和提高检验工作效率。

生产、经营、使用单位应当按照安全技术规范要求提供的各种自检记录、报告、资料等应当真实、可靠。对因提供的资料不真实，造成检验、检测机构及其检验、检测机构人员做出错误判断的，提供资料的单位应当负责。另外，特种设备生产、经营、使用单位委托检测机构从事检测、自行检查工作时，也应当提供满足检测、检查工作的条件。进行特种设备定期检验时，需要积极做好特种设备定期检验相关辅助工作，包括定期检验前对设备的清洗、置换，现场动力等；高空作业、有毒介质、易燃易爆介质成分检测仪器等相关的安全防护措施，有需要动火的，应办好相关手续。

10. 关于检验、检测机构及其人员的保密义务的规定

《特种设备安全法》规定：“特种设备检验、检测机构及其检验、检测人员对检验、检测过程中知悉的商业秘密，负有保密义务。”

该条款的规定是对检验、检测机构及其检验、检测人员行为规范的要求。检验、检测机构及其检验、检测人员在进行制造、安装、改造、修理过程的监督检验、检测和对使用单位在用特种设备进行定期检验、检测活动中，因检验、检测工作的需要，有可能会接触到被检验、检测单位特种设备设计、制造、安装、改造、维修等设计文件、工艺文件或者一些经营资料。如新产品的设计、制造资料要经检验及其检验人员的审查；制造的监督检验、检测过程中，检验、检测人员对制造的过程和工艺等具有商业或专利价值的信息有机会了解，对一些改造、修理、销售等信息也能够知道，如果检验、检测人员缺乏良好的职业道德和操守，在利益面前，不能坚守职业准则，势必将给企业造成巨大损失。因此《特种设备安全法》规定了特种设备检验、检测机构及其检验、检测人员对所了解的商业秘密负有保密义务，也是对企业利益的保护。

11. 关于禁止检验、检测机构及其人员从事的活动的规定

《特种设备安全法》规定：“特种设备检验、检测机构及其检验、检测人员不得从事有关特种设备的生产、经营活动，不得推荐或者监制、监销特种设备。”

该条款的规定也是对特种设备检验、检测机构及其检验、检测人员行为规范的要求。为了保证其检验、检测工作的公正性，防止利用检验、检测工作掌握的信息和所具有的权利，谋求检验、检测工作以外的不正当利益，或造成不正当的竞争，损坏其他单位的利益，特种设备检验、检测机构及其检验、检测人员不得从事有关特种设备的生产、经营活动，不得推荐或者监制、监销特种设备。特种设备检验、检测机构不允许成立特种设备生产、经营单位，也不得与生产、经营单位建立某种经济利益的统一体，或者成为生产、经营单位的股东，参与生产、销售单位的销售活动，不得成为

一些企业的代理商；特种设备检验、检测机构也不得以出具产品监制证书、监销证书或为企业召开产品推介会等形式，为所检验、检测企业的产品进行推销。特种设备检验、检测机构的检验、检测人员不得向所服务的对象推销企业产品，也不得以任何形式参与企业的生产、经营活动，不得参股或投资企业，不得充当企业产品的“代理人”或“推销员”。

该条款不适用于特种设备生产单位的无损检测活动及其人员。

12. 关于禁止利用检验工作故意刁难生产、经营、使用单位的规定

《特种设备安全法》规定：“特种设备检验机构及其检验人员利用检验工作故意刁难特种设备生产、经营、使用单位的，特种设备生产、经营、使用单位有权向负责特种设备安全监督管理的部门投诉，接到投诉的部门应当及时进行调查处理。”

检验机构作为从事法定检验的机构，具有一定的权力。为了避免特种设备检验机构及其检验人员在工作中利用职权，刁难特种设备生产、经营和使用单位。一方面，要加强对其检验人员的职业道德教育，另一方面要以严格的制度来进行约束，同时赋予特种设备生产、经营和使用单位监督权利，特种设备生产、经营和使用单位应当使用这项权力，保护好本单位人员的正当合法利益，同时履行好企业对检验机构及其人员行为规范和工作质量的监督职责。如果发现检验机构或者检验人员有吃、拿、卡、要等违规违法行为，或因提出的不合理要求企业未予满足时，采取拖延甚至拒绝出具检验、检测报告，不按照安全技术规范作出检验结论而严苛企业，或违反本法规定滥用权力等行为的，特种设备生产、经营和使用单位以及任何人员均可直接向各级负责特种设备安全监督管理的部门反映投诉举报。为了能够尽快解决问题，一般可先向当地负责特种设备安全监督管理的部门反映，也可同时向上级负责特种设备安全监督管理的部门反映投诉举报。接到投诉的负责特种设备安全监督管理的部门，应当认真对待反映的问题，及时组织调查核实，责令处理投诉案件。对于反映问题属实的，负责特种设备安全监督管理的部门应当按照《特种设备安全法》相关规定予以处罚。

（二）国家质量监督检验检疫总局相关规范性文件对特种设备检验检测机构有关要求

1.《特种设备现场安全监督检查规则（试行）》的相关要求

特种设备检验检测机构实施监督检验和定期检验时，发现以下重大问题之一的，应当填写《特种设备检验检测机构发现重大问题告知（报告）表》，并在检验当日告知受检单位，并同时报告受检单位所在地的市级质监部门安全监察机构和县级质监部门：

特种设备生产单位重大问题：①未经许可从事相应生产活动；②不再符合许可条件；③拒绝监督检验；④产品未经监督检验合格擅自出厂或者交付用户使用。

特种设备使用单位重大问题：①使用非法生产的特种设备；②未办理使用登记；③使用报废的特种设备；④使用存在故障、异常情况经责令改正而未予改正的特种设

备；⑤使用经检验检测判为不合格的特种设备；⑥使用未经定期检验的特种设备；⑦作业人员无证上岗。

2. 其他

以下是检验检测行业一直沿用的几项要求：①经核准的检验检测机构，在从事检验检测工作中，不得将所承担检验检测工作转包给其他检验检测机构。特种设备使用单位的检验机构，不能如期完成本单位经核准的特定范围的检验检测工作时，应当及时告知当地质量技术监督部门。②检验检测机构在分包无损检测等专项检验检测项目时，应当选择经核准的专项检验检测机构（材料检测、金属监督等未设立专项检测核准要求的除外），并对检验检测的最终结果负责。③检验检测机构跨地区从事检验检测工作时，应当在检验检测前书面告知负责设备注册登记的质量技术监督部门；在检验检测后，将检验检测结果报负责设备注册登记的质量技术监督部门。④检验检测结果、鉴定结论经检验检测人员签字后，由检验检测机构技术负责人签署。⑤检验检测机构应当按照有关规定填报检验案例。

四、特种设备检验检测监督管理的主要措施

特种设备检验检测监督管理的主要措施如下：①实施特种设备检验检测机构核准、特种设备检验检测人员考核等许可制度。②制定特种设备检验方面的安全技术规范，如特种设备的监督检验、定期检验、型式试验的一些规程、规则等安全技术规范，对检验检测项目、方法、数据的处理、分析、结论，以及定期检验检测周期都加以规定，检验检测工作必须符合这些规定。③对特种设备检验检测机构的检验检测结果、鉴定结论进行监督抽查。④对检验检测机构进行现场安全监督检查。⑤做好质检系统所属检验机构的各项管理工作。⑥规范好检验检测业务实施方式，保证检验检测活动有序开展。⑦取缔非法检验检测活动，受理针对特种设备检验检测机构和检验检测人员的投诉并进行调查处理，对检验检测机构及检验检测人员的违法行为追究法律责任。⑧实施检验案例的管理。⑨发挥检验检测机构行业组织的作用，通过行业管理规范检验检测活动。

特种设备检验检测是特种设备安全工作的技术支撑，在特种设备安全工作中起着技术把关的作用。做好特种设备检验检测监督管理工作，对规范检验检测活动、确保检验检测质量，从而提高在用特种设备的安全性，具有重要意义。

五、特种设备检验检测监督管理执行的法规规范

特种设备检验检测机构监督管理主要执行下列法律、法规、规范：①《特种设备安全法》；②《特种设备安全监察条例》；③《特种设备检验检测机构核准规则》（TSG Z7001—2004）；④《特种设备检验检测机构质量管理体系要求》（TSG Z7003—2004）；⑤《特种设备检验检测机构鉴定评审细则》（TSG Z7002—2004）（含1份修改

单）；⑥《特种设备型式试验机构核准规则》（TSG Z7004-2011）；⑦《特种设备检验人员考核规则》（TSG Z8002—2013）；⑧《特种设备无损检测人员考核规则》（TS-GZ8001-2013）；⑨《特种设备型式试验人员考核试行规则》（试行规则自公布之日起实施，试行两年；《特种设备型式试验人员考核规则》正式实施之日，本试行规则即予废止）；⑩《特种设备检验检测人员执业注册管理办法》（中检协〔2010〕会字第02号）；⑪关于调整《特种设备检验检测机构核准规则》中有关高级检验师要求的公告。

第二节 特种设备检验检测机构核准制度

一、概述

世界上许多国家都建立了特种设备检验检测机构资格许可制度。我国现行特种设备检验检测机构核准是一项行政许可，根据《特种设备安全法》的规定设立。

（一）核准实施机关

国家质量监督检验检疫总局和省级质量技术监督部门为核准实施机关。国家质量监督检验检疫总局负责受理、审批综合检验机构和无损检测机构，并颁发《特种设备检验检测机构核准证》；省级质量技术监督部门负责受理、审批其他检验检测机构（含只申请房屋建筑工程及市政工程工地的起重机械和场（厂）内专用机动车辆检验的检验机构），颁发《特种设备检验检测机构核准证》。

（二）核准工作类别

特种设备检验检测机构的核准分为首次核准、增项核准和换证核准。

首次核准，指申请单位未持有相应类别的检验检测核准证书［如综合检验机构（或无损检测机构）、型式试验机构核准证书］，第一次为取得相应类别的检验检测核准证书所进行的核准。

增项核准，指申请单位已取得相应类别的检验检测核准证书［如综合检验机构（或无损检测机构）、型式试验机构核准证书］，为增加已取得的检验检测核准证书范围之内的项目所进行的核准。

换证核准，指申请单位已取得的检验检测核准证书［如综合检验机构（或无损检测机构）、型式试验机构核准证书］在有效期满前，为保持核准证书继续有效，为换发新的核准证书所进行的核准。

（三）核准执行的安全技术规范

目前，特种设备检验检测机构的核准，主要执行《特种设备检验检测机构核准规则》（TSG Z7001-2004），《特种设备型式试验机构核准规则》（TSG Z7004—2011）、《特种设备检验检测机构鉴定评审细则》（TSG Z7002-2004）和《特种设备检验检测机构质量管理体系要求》(TSG Z7003—2004)等几个安全技术规范。

(四)核准的鉴定评审简介

特种设备检验检测机构核准的鉴定评审分为首次核准的鉴定评审、换证核准的鉴定评审以及增项核准的鉴定评审。

鉴定评审的基本程序包括:约请鉴定评审、确认申请材料、鉴定评审日程安排、组成评审组、现场鉴定评审(核实级别条件)、整改确认和提交鉴定评审报告。

二、核准项目

特种设备检验检测核准项目分为检验核准项目、无损检测核准项目和型式试验核准项目。

(一)检验核准项目

检验检测机构的检验核准项目分为锅炉;压力容器;压力管道;进口锅炉、压力容器、气瓶、压力管道元件;出口锅炉、压力容器、气瓶、压力管道元件;锅炉水(介)质处理;气瓶;安全阀;电梯;起重机械;客运索道;大型游乐设施;场(厂)内专用机动车辆和基于风险的检验等14部分的项目。共有70个项目(每个核准项目有一个代码),具体规定如下:

1. 锅炉检验

分8个核准项目,即:

额定蒸汽压力大于22MPa的蒸汽锅炉的监督检验(GJ1)、定期检验(GD1);

额定蒸汽压力小于或者等于22MPa的蒸汽锅炉监督检验(GJ2)、定期检验(GD2);

额定蒸汽压力小于或者等于9.82MPa的蒸汽锅炉监督检验(GJ3)、定期检验(GD3);

热水锅炉、有机热载体锅炉、额定蒸汽压力小于或者等于2.45MPa的蒸汽锅炉监督检验(GJ4)、定期检验(GD4)。

2. 压力容器检验

分13个核准项目,即:

超高压容器监督检验(rJ1)、定期检验(rD1);

球形储罐监督检验(rJ2)、定期检验(rD2);

第三类压力容器监督检验(rJ3)、定期检验(rD3);

第一、二类压力容器监督检验(rJ4)、定期检验(rD4);

氧舱监督检验(rJ5)、定期检验(rD5);

铁路罐车定期检验(rD6);

汽车罐车(低温、罐式集装箱等,需注明品种)定期检验(rD7);

长管拖车(含集装管束)定期检验(rD8)。

3. 压力管道检验

分7个核准项目，即：

长输（油气）管道监督检验（DJ1）、定期检验（DD1）；

公用管道监督检验（DJ2）、定期检验（DD2）；

工业管道监督检验（DJ3）、定期检验（DD3）；

管道元件监督检验（DJ4）。

4. 进口锅炉、压力容器、气瓶、压力管道元件监督检验

仅一个检验项目，核准项目代码为KJ1。

5. 出口锅炉、压力容器、气瓶、压力管道元件监督检验

仅一个检验项目，核准项目代码为KJ2。

6. 锅炉水（介）质处理

锅炉水（介）质处理有3个核准项目，即：发电锅炉的水质定期检验（JD1）；额定工作压力小于或者等于2.5MPa锅炉的水质定期检验（JD2）；有机热载体锅炉的介质定期检验（JD3）。

7. 气瓶检验

分6个核准项目，即：无缝气瓶定期检验（注明品种）（PD1）；焊接气瓶定期检验（注明品种）（PD2）；液化石油气钢瓶定期检验（PD3）；溶解乙炔气瓶定期检验（PD4）；特种气瓶（缠绕、低温、车载等，注明品种）定期检验（PD5）；各类气瓶监督检验（PJ1）。

8. 安全阀校验

分2个核准项目，即：整定压力等于或者大于10MPa的安全阀定期校验（含在线校验应当注明，未注明则不含）（FD1）整定压力小于10MPa的安全阀定期校验（含在线校验应当注明，未注明则不含）（FD2）。

9. 电梯检验

分2个核准项目，即：各类电梯监督检验（注明是否含防爆电梯）（TJ1）、定期检验（注明是否含防爆电梯）（TD1）。

10. 起重机械

分16个核准项目，即：

桥式起重机、门式起重机监督检验（注明品种、是否含防爆）（QJ1）、定期检验（注明品种、是否含防爆）（QD1）；

塔式起重机、桅杆起重机、旋臂起重机监督检验（注明品种）（QJ2）、定期检验（注明品种）（QD2）；

流动式起重机、铁路起重机监督检验（注明品种）（QJ3），定期检验（注明品种）（QD3）；

门座式起重机监督检验（QJ4）、定期检验（QD4）；

升降机监督检验（注明品种）（QJ5）、定期检验（注明品种）（QD5）；

缆索起重机监督检验（QJ6）、定期检验（QD6）；

轻小型起重设备监督检验（注明是否含防爆）（QJ7）、定期检验（注明是否含防爆）（QD7）；

机械式停车设备监督检验（QJ8）、定期检验（QD8）。

11. 客运索道

分4个核准项目，即：各类客运索道监督检验（SJ1）、定期检验（SD1）；单线固定抱索器式、拖牵式客运索道监督检验（SJ2）、定期检验（SD2）。

12. 大型游乐设施

分4个核准项目，即：A级大型游乐设施监督检验（YJ1）、定期检验（YD1）；B、C级大型游乐设施监督检验（YJ2）、定期检验（YD2）。

13. 场（厂）内专用机动车辆

分2个核准项目，即：场（厂）内专用机动车辆监督检验（注明是否含防爆）（NJ1）、定期检验（注明是否含防爆）（ND1）。

14. 基于风险的检验

仅1个定期检验项目，需注明限定范围，核准项目代码为rBI。

（二）无损检测核准项目

无损检测分8个核准项目，即：射线照相检测（rT）、超声检测（UT）、磁粉检测（MT）、液体渗透检测（PT）、电磁检测（ET）、声发射检测（AE）、衍射时差法超声检测（TOFD）、漏磁检测（MFL）。

（三）型式试验核准项目

型式试验核准项目共32个，核准项目种类分为压力容器、压力管道元件、锅炉压力容器压力管道安全附件、燃烧器、电梯、起重机械、客运索道、大型游乐设施、场（厂）内专用机动车辆、锅炉压力容器专用钢板、锅炉用有机热载体等11个。

1. 压力容器

分4个核准项目，即：

固定式压力容器（蓄能器、简单压力容器），核准项目代码rGX；

移动式压力容器（罐式集装箱、管束式集装箱、真空绝热罐体），核准项目代码rYX；

气瓶（按照《特种设备目录》注明许可的品种），核准项目代码rPX；

气瓶阀门，核准项目代码PFX。

2. 压力管道元件

分9个核准项目，即：

压力管道用钢管［输送石油、天然气用并且外径大于或者等于200mm的钢管；大口径无缝钢管（公称直径大于或者等于200mm）；锅炉压力容器、气瓶、低温管道用无缝钢管］，核准项目代码DGX；

压力管道用管件及其他元件（有缝管件、无缝管件；直埋夹套管及其管件；真空绝热低温管及其管件；阻火器；绝缘接头；弹簧支吊架），核准项目代码DYX；

井口装置和采油树、油管、套管，核准项目代码DTX；

压力管道用非金属管与管件［聚乙烯（PE）管材与管件、金属增强型PE复合管材、PE原料、聚乙烯（PE）阀门］，核准项目代码DJX；

压力管道用阀门［通用阀门（注明结构型式和规格）低温阀门、调压阀、井口装置和采油树用阀门］，核准项目代码DFX；

压力管道用膨胀节［波纹管膨胀节、金属软管、其他型式补偿器（注明结构型式和规格）］，核准项目代码DBX；

压力管道用密封元件，核准项目代码DMX；

压力管道用防腐元件，核准项目代码DSX；

压力管道制管专用钢板、钢带，核准项目代码DPX。

3. 锅炉压力容器压力管道安全附件［安全阀（注明结构型式和规格）、紧急切断阀、爆破片］，核准项目代码GFX。

4. 燃油（燃气）燃烧器，核准项目代码BrX。

5. 电梯

分3个核准项目，即：

整机（按照《特种设备目录》注明许可的品种），核准项目代码TZX；

电梯部件（注明结构型式和规格）核准项目代码TBX；

安全保护装置（限速器、安全钳、缓冲器、电梯门锁装置、电梯轿厢上行超速保护装置、含有电子元件的电梯安全电路、电梯限速切断阀、电梯控制柜、曳引机）核准项目代码TFX。

6. 起重机械

分7个核准项目，即：

桥架型起重机［桥式起重机、门式起重机、缆索起重机等3种起重机（均需按照《特种设备目录》注明许可的品种）］，核准项目代码QQX；

臂架型起重机［塔式起重机、门座起重机、旋臂式起重机、桅杆起重机等4种起重机（均需按照《特种设备目录》注明许可的品种）］，核准项目代码QBX；

流动型起重机［流动式起重机、铁路起重机2种起重机（均需按照《特种设备目录》注明许可的品种）］，核准项目代码QLX；

升降机（按照《特种设备目录》注明许可的品种），核准项目代码QSX；

机械式停车设备（按照《特种设备目录》注明许可的品种），核准项目代码QTX；

轻小型起重设备（按照《特种设备目录》注明许可的品种），核准项目代码QXX。

起重机械安全保护装置（起重机械起重量限制器、起重机械起重力矩限制器、起重机械起升高度限制器、起重机械防坠安全器、起重机械制动器），核准项目代码QFX。

7. 客运索道

分2个核准项目，即：

整机客运拖牵索道，核准项目代码SZX；

部件（客运索道驱动迂回装置、客运索道抱索器、客运索道运载工具、客运索道托压索轮组），核准项目代码SBX。

8. 大型游乐设施

分2个核准项目，即：

整机（按照《特种设备目录》注明许可的品种），核准项目代码YZX；

部件（蹦极绳）和安全保护装置（游乐设施安全压杠），核准项目代码YBA。

三、核准条件和要求

（一）概述

《特种设备检验检测机构核准规则》（TSG Z7001—2004）和《特种设备型式试验机构核准规则》（TSG Z7004—2011）分别规定了综合检验机构、无损检测机构和型式试验机构的核准条件及要求。

综合检验机构的核准条件和要求，分为自检机构和非自检机构，其中非自检机构的核准条件分为甲、乙和丙三类。对获得核准的机构，分别简称为甲类、乙类和丙类机构，其中，乙类和丙类机构只能在省级质量技术监督部门限定的区域内从事检验工作。

根据所从事检验工作地区特种设备密度和特种设备数量，特种设备综合检验机构的核准条件分为甲、乙、丙三类。

注：特种设备数量：是指检验机构承担检验责任的特种设备数量［指锅炉、压力容器、电梯、起重机械、场（厂）内专用机动车辆数量之和］。

特种设备密度：是指检验机构承担检验责任的特种设备数量与检验机构所在地（市）或以上级行政区域面积的比值，其计算公式如下：

$$\rho=\xi/\sigma$$

式中：

ρ—特种设备密度（台/百平方公里）；

ξ—指检验机构承担检验责任的特种设备数量［指锅炉、压力容器、电梯、起重机械、场（厂）内专用机动车辆数量之和］（台）；

σ—是指检验机构所在地（市）级或以上行政区域面积（百平方公里）。

综合检验机构所在地（市）级或以上行政区域的特种设备数量 $\xi \leqslant 2000$ 台或特种设备密度 $\rho \leqslant 20$ 的，可以申请按丙类条件进行核准；特种设备密度 $20<\rho<40$ 的，可以申请按乙类条件进行核准。

甲类、乙类和丙类机构可以申请的核准项目有所不同，详见表6-1。

表 6-1 甲类、乙类和丙类机构可以申请的核准项目

综合检验机构类别	不同类别给定检验机构可以申请的核准项目（核准项目代码）
甲类机构	可以申请所有的核准项目
乙类机构	GJ3（限额定蒸汽压力小于或等于 3.82MPa）、GD3（限额定蒸汽压力小于或等于 3.82MPa）、GJ4、GD4、rJ2（限 400m³及以下）、rD2（限 400m³及以下）、rJ3（限 100m³及以下且设计压力小于 10MPa）、rD3（限 100m³及以下且设计压力小于 10MPa）、rJ4、rD4、DJ2、DD2、DJ3、DD3、PD1、PD2、PD3、PD4、PD5、PJ1、FD1、FD2、JD1、JD2、JD3、TJ1、TD1、QJ1、QD1、QJ2、QD2、QJ3、QD3、QJ1、QD4、QJ5、QD5、QJ6、QD6、QJ7、QD7、QJ8、QD8、NJ1、ND1
丙类机构	GJ4、GD4、rJ4、rD4、DJ2、DD2、DJ3、DD3、PD1、PD2、PD3、PD4、PD5、PJ1、FD2、JD2、TJ1、TD1、QJ1、QD1、QJ2、QD2、QD3、QJ5、QD5、QJ6、QD6、QD7、ND1

（二）核准条件

特种设备综合检验机构、无损检测机构和气瓶检验机构应当具备的条件和型式试验机构应当具备的基本条件见表 6-2。

表 6-2 特种设备检验检测机构应当具备的基本条件

特种设备综合检验机构、无损检测机构和气瓶检验机构基本条件	特种设备型式试验机构基本条件
申请核准的特种设备检验检测机构（以下简称申请机构）应当同时具备以下条件：①有独立法人资格（特种设备使用单位设立的检验机构和中央企业设立的检验机构除外）；②有与其承担的检验检测工作相适应的检验检测人员、专业技术人员；③有与其承担的检验检测工作相适应的场地、装备和检测试验手段；④有健全的质量管理体系和各项管理制度，并且有效实施；⑤有与其承担的检验检测工作相适应的法律，法规、规章、安全技术规范及标准，并且认真执行。	申请核准特种设备型式试验的机构（以下简称申请机构）应当同时具备以下条件：①具有事业法人或者企业法人资格（或者其所属法人对其检验活动承担法律责任的证明文件），能够独立、公正和规范地开展型式试验工作；②具有与其承担的型式试验工作相适应的并且具有相应资格的检验检测人员、试验人员、专业技术人员，其技术负责人应当具有高级技术职称，试验人员应当取得国家质量监督检验检疫总局颁发的检验检测人员证书；③具有与其承担的型式试验相适应的工作和试验场地、检验试验仪器设备与测量工具等手段；④按照《特种设备检验检测机构质量管理体系要求》建立健全的质量管理体系和各项管理制度，并且有效实施；⑤具有与其承担的型式试验工作相适应的法律、法规、规章、安全技术规范及其相应标准，能够认真执行；⑥具有对其承担的型式试验产品进行设计审查的能力（适用于要求承担设计审查的）。型式试验机构应当具备的人员、仪器设备等资源条件见《特种设备型式试验机构核准规则》（TSG Z7006-2011）。如果无损检测或者其他项目允许外委（签订有效的合同或者协议），可以不要求具备本规则各资源条件所要求的设备，其无损检测人员只要满足质量控制体系的要求，也可以不要求具备本规则各资源条件所要求的无损检测人员。型式试验机构仪器设备的能力（功能和性能）的要求，除符合本规则的要求外，还应当满足有关型式试验安全技术规范及其相应标准的要求

（三）具体条件和要求

以下以特种设备综合检验机构、气瓶检验机构、无损检测机构为例，来介绍核准具体条件与要求中的基本条件和要求，由于篇幅有限，不对其中的检验仪器设备条件进行介绍。

1. 基本条件

综合检验机构基本条件（具体条件）见表6-3。

气瓶检验机构和无损检测机构的基本条件（具体条件）见表6-4。

表6-3　特种设备综合检验机构基本条件

<table>
<tr><th rowspan="2">项目</th><th rowspan="2">自检机构</th><th colspan="3">非自检机构</th></tr>
<tr><th>甲类条件</th><th>乙类条件</th><th>丙类条件</th></tr>
<tr><td>单位资格条件</td><td>其申请人应当具有法人资格。所拥有特种设备的单项最低数量：锅炉500台；压力容器1000台；压力管道500km；起重机械1000台；场（厂）内专用机动车辆500辆</td><td colspan="3">有独立的法人资格，从事监督检验的机构应当是公益性事业单位［申请工地起重机械和场（厂）内专用机动车辆检验以及石油天然气压力管道检验的检验机构除外］，或者是得到质量技术监督部门委托或授权的单位</td></tr>
<tr><td>单位特性条件</td><td>申请核准的自检机构应当是申请人组织机构中具有独立建制的常设机构，该机构应当不受来自申请人行政管理或者组织内部其他部门的压力和影响，能够独立、规范地从事定期检验工作。申请人应当提供书面保证与承诺：一旦获得核准，对核准范围内的特种设备承担法律、法规所规定的定期检验以及其他相关的全部责任和义务：在无法按时履行定期检验责任时，立即告知设备登记所在地质量技术监督部门，不以任何形式自行分包所负责的定期检验工作</td><td colspan="3">独立、规范、公正地开展检验工作，不参与或者从事与特种设备的生产（含设计、制造、安装、改造、维修）、销售、推荐、监制、监销等相关的业务与活动。承诺和确保在从事被核准项目的法定检验工作时，严格执行财政、物价部门规定的收费标准</td></tr>
</table>

续表

项目		自检机构	非自检机构		
			甲类条件	乙类条件	丙类条件
规模		具有一定的规模。①专职人员不少于8人；②检验仪器装备总值（原值）不低于50万元（人民币，下同）	专业技术人员和持证人员总数不少于15人。固定资产总值不低于100万元，其中检验仪器装备总值（原值）不低于50万元	专业技术人员和持证人员总数不少于10人。检验仪器装备总值（原值）不低于30万元	专业技术人员和持证人员总数不少于6人。检验仪器装备总值（原值）不低于10万元
技术力量	机构负责人	有其所属法人单位所授予的工作范围与责任说明书和正式授权书（任命书），有较强的管理水平和组织领导能力，熟悉相应特种设备的法律、法规和检验业务	有较强的管理水平和组织领导能力，熟悉特种设备的法律、法规和检验业务		
	技术负责人	有相关项目检验师及以上资格，从事特种设备相关工作5年及以上，熟悉特种设备的法律、法规和检验业务，有岗位需要的业务水平和组织能力	有相关项目检验师及以上资格，从事特种设备相关工作5年及以上，熟悉特种设备的法律、法规和检验业务，具有岗位需要的业务水平和组织能力		有相关项目的检验员（持证4年以上）及以上资格，且在甲类机构接受不少于60个学时的技术负责人岗位能力的培训与实习
	质量负责人	有相关项目检验师及以上资格，从事特种设备相关工作5年及以上，熟悉质量管理工作，有岗位需要的业务水平和组织能力	质量负责人，有相关项目检验师及以上资格，从事特种设备相关工作5年及以上，熟悉质量管理工作，具有岗位需要的业务水平和组织能力	质量负责人，有相关项目的检验员（持证4年以上）及以上资格，且在甲类机构接受不少于30个学时的质量负责人岗位能力的培训与实习（或质量管理专项培训）	

续表

项目		自检机构	非自检机构		
			甲类条件	乙类条件	丙类条件
	检验责任师	有相应项目的检验师及以上资格，有岗位需要的技术业务水平	检验责任师，有相应项目的检验师及以上资格，具有岗位需要的技术业务水平		检验责任师应当有相应项目的检验员（持证4年以上）及以上资格，且在甲类机构接受不少于40个学时的检验责任师岗位能力的培训与实习
	人员配备	各类人员配备与申请核准项目相适应	持证人员数量占机构职工总数的比例不小于70%，其中持特种设备检验员及以上证书的人员数量占持证人员数量的比例不小于50%，专业技术人员数量占机构职工总数的比例不小于65%	持证人员数量占机构职工总数的比例不小于70%，专业技术人员数量占机构职工总数的比例不小于50%	持证人员数量占机构职工总数的比例不小于70%，专业技术人员数量占机构职工总数的比例不小于30%
			各类人员的最低配备要求见《特种设备检验检测机构核准规则》(TSG Z7001-2004)	各类人员的最低配备要求见《特种设备检验检测机构核准规则》(TSGZ7001- 2004)	
场地、设施（具有一定的场地、设施）		使用面积不少于100m²的固定办公场所	建筑面积不少于200m²的固定办公场所		
		使用面积分别不少于10m²的档案室、图书资料室	使用面积分别不少于10m²的档案室、图书资料室		
		满足存放要求的专用仪器设备室	满足存放要求的专用仪器设备室		

续表

项目	自检机构	非自检机构		
		甲类条件	乙类条件	丙类条件
	检验检测人员应当每人配备1台计算机，配备的检验软件应当满足定期检验前从安全监察数据库中提取待检设备数据、检验后出具检验检测报告的当日向安全监察数据库传输检验更新数据的需要	检验检测人员应当每人配备1台计算机，配备的检验软件应当满足定期检验前从安全监察数据库中提取待检设备数据、检验后出具检验检测报告的当日向安全监察数据库传输检验更新数据的需要		
	建立了符合设备登记所在地质量技术监督部门要求的定期检验数据交换系统	建立了符合特种设备动态监督管理要求的检验数据交换系统		
	必要的通信工具及办公设施	必要的交通、通信工具及办公设施		
法规标准	与申请核准项目相适应的法律、法规、规章、安全技术规范、标准及图书资料，安全技术规范、标准应当有颁布的正式版本			
质量管理体系要求	按照《特种设备检验检测机构质量管理体系要求》，建立了独立于所属母体组织的，与申请核准项目相适应的质量管理体系，并且持续有效运行3个月以上	按照《特种设备检验检测机构质量管理体系要求》，建立了与申请核准项目相适应的质量管理体系，并且持续有效运行3个月以上		
试检验及评价	申请首次核准或者增项核准的机构，应当按照规定独立完成申请核准项目的试检验工作，并且得到具有相应检验资格的机构对其检验能力是否满足检验工作需要的评价文件。试检验报告加盖具有相应检验资格的机构和人员的印章方可有效			

表6-4　气瓶检验机构和无损检测机构基本条件

项目	气瓶检验机构	无损检测机构
单位资格条件	有独立法人资格，能够独立、规范和公正地开展检验工作	有独立的企业法人资格，能够独立、公正地开展无损检测工作。无损检测机构提出核准申请时，应当在申请书中注明全部的分支机构（包括分公司和子公司），核准后颁发的《核准证》中注明分支机构的名称和地址，无损检测机构在《核准证》有效期内新设立分支机构的，应当进行变更核准
规模	具有一定的规模：①签有正式全职聘用劳动合同的员工不少于10人；②申请核准定期检验项目的气瓶检验机构，其已经明确或者落实检验责任的在用气瓶数量不低于下列要求：缝气瓶≥10000只；焊接气瓶≥5000只；液化石油气钢瓶≥80000只；溶解乙炔气瓶≥8000只；特种气瓶≥4000只；③固定资产总值不低于60万元；④建立了满足特种设备动态监督管理要求的气瓶检验数据交换系统	具有一定的规模：①签有正式全职聘用劳动合同，且聘期不少于2年的持证员工人数不少于15人；②注册资本本金不低于100万元；③固定资产总值不低于50万元，其中检测仪器装备总值（原值）不低于30万元
技术力量	具有一定的专业技术力量： ①机构负责人，是专业技术人员，有较强的管理水平和组织领导能力，熟悉气瓶行业的法律、法规和检验业务。②技术负责人，有相关专业工程师或者气瓶检验员以上资格，从事气瓶行业相关工作5年及以上，熟悉气瓶行业的法律、法规、安全技术规范、标准和检验业务，具有岗位需要的业务水平和组织能力。	具有一定的专业技术力量：①机构负责人，有较强的管理水平和组织领导能力，熟悉特种设备无损检测相关的法律，法规和检测业务。②技术负责人，有工程师及以上职称，并且持有与申请核准项目相关的一项特种设备无损检测Ⅰ级资格证，或者与申请核准项目相对应所有项目的特种设备无损检测Ⅱ级资格证。熟悉特种设备无损检测相关的法律、法规和检测业务，具有岗位需要的业务水平和组织能力。③质量负责人，持有至少一项与申请核准项目相关的无损检测Ⅱ级及以上资格证。具备从事特种设备无损检测相关管理工作经历，接受过质量体系标准或者管理方面的专门培训，熟悉质量管理工作，具有岗位需要的业务水平和组织能力。④无损检测责任师，持有与所担任项目相应的特种设备无损检测Ⅲ级资格证；或者有工程师及以上职称，并持有与所担任项目的特种设备无损检测Ⅱ级资格证：或者具有理工科大学本科及以上学历，并持有与申请项目相应的特种设备无损检测Ⅱ级资格证六年及以上者。具有岗位需要的技术业务水平。

续表

项目	气瓶检验机构	无损检测机构
技术力量	③质量负责人，有相关专业助理工程师或者相关项目检验员以上资格，从事气瓶行业相关工作5年及以，上，熟悉质量管理工作，具有岗位需要的业务水平和组织能力。④与申请核准项目相适应的各类气瓶检验员分别不少于2人。⑤配备一定数量的操作人员和气瓶附件维修人员	⑤技术负责人或无损检测责任师的岗位，一般应当由持有关与申请核准项目相对应的Ⅲ级持证人员担任。申请2项及以上的机构，担任技术负责人和无损检测责任师的人员中，Ⅲ级持证人员不少于2名。⑥持证人员、专业技术人员的比例满足以下要求：无损检测持证人员数量占机构职工总数的比例不小于70%，专业技术人员数量占机构职工总数的比例不小于25%。人员的配备与申请核准项目相适应，其中特种设备相关专业的专业技术人员数量不得少于2名。与申请核准项目相对应的各个级别无损检测持证人员数量不得低于《特种设备检验检测机构核准规则》（TSG Z7001- 2004）
检验检测仪器装备	具有与申请核准项目相适应的检验仪器装备，具体要求见《特种设备检验检测机构核准规则》（TSG Z7001-2004）。 检验场所应满足有关环境保护和消防的相关要求。无损检测工作可委托具有相应资格的无损检测机构承担，签订委托协议后可不再专门配备相应的无损检测人员和设备	具有与申请核准项目相适应的无损检测仪器装备，具体要求见《特种设备检验检测机构核准规则》（TSG Z7001-2004）。申请项目，需要持有《射线装置工作许可证》；配备γ源检测设备的还需要持有《放射性同位素工作许可证》
场地设施	GB 12135《气瓶检验站技术条件》的要求	具有一定的场地、设施：①具有与其承担的检测工作相适应的检测试验场地、办公场所，设施和环境条件：其中固定办公场所（指营业执照所注明的经营场所）使用面积不少于200m^2；②有满足仪器调试或者试验的专门场所与设施；③有独立的档案存放设施或者场所；④有专门的仪器设备贮存场地，并且满足存放要求；⑤计算机每5人至少有1台，并且能够满足出具检测报告的需要；⑥建立了满足特种设备动态监督管理要求的无损检测数据交换系统；⑦有必要的交通、通信工具以及办公设施
法规标准	具有与申请核准项目相适应的法律，法规、规章、安全技术规范、标准及图书资料，安全技术规范、标准应当有颁布的正式版本	

续表

项目	气瓶检验机构	无损检测机构
质量管理体系	按照《特种设备检验检测机构质量管理体系要求》，建立了与申请核准项目相适应的质量管理体系，并且持续有效运行3个月以上	按照《特种设备检验检测机构质量管理体系要求》，建立了与申请核准项目相适应的质量管理体系，并且持续有效运行3个月以上。 质量管理体系中，应当明确以各自独立工程项目方式开展检测项目时的技术与质量的控制要求，包括针对项目管理的指令流程与方式、项目检测资源与相关责任人的配置规则、技术与质量管理的方式与控制手段（含检测过程的控制、质量监督机制、过程检测结果的审核与通知方式、检测报告的出具等内容）
试检验检测	申请首次核准和增项核准的机构，按照规定开展了申请核准项目的试检验工作，并且试检验工作监督指导单位认为其检验能力能够满足检验工作的需要	申请首次核准或者增项核准的申请机构，应当在规定级别检验检测机构的见证下，完成所申请核准项目的试检测工作，并且得到见证机构对其检测能力是否满足相应项目检测工作的评价文件，提供完整的试检测工作程序、记录、报告等相应的见证资料。其中所提供的试检测报告数量应当满足以下要求：①rT项目，射线检测报告不少于5份，底片数量应当不少于600张；②UT项目，超声检测报告不少于5份，焊缝检测总长度应当不少于300m；③MT项目，磁粉焊缝检测报告不少于5份，焊缝检测总长度应当不少于500m；④PT项目，渗透检测报告不少于5份，焊缝检测总长度应当不少于100m；⑤ET项目，电磁检测报告不少于5份；⑥AE项目，声发射检测报告不少于5份；⑦TOFD项目，应独立完成总长度不少于300m焊缝的TOFD检测工作，提交TOFD检测图谱、检测报告；⑧4MFL项目，漏磁检测报告不少于3份，试检验管道长度不少于50公里，应能模拟在役管道检测时的操作工艺
赔偿能力	具有承担检验责任过失的赔偿能力（不低于50万元）	具有承担检测责任过失的赔偿能力（不低于100万元）
其他	综合检验机构气瓶检验项目或者专门设立的气瓶定期检验机构依据《特种设备检验检测机构核准规则》（TSG Z7001- 2004）和《气瓶检验站技术条件》（GB12135）进行核准，按照国家标准的规定进行气瓶的定期检验和更换气瓶阀门，但是不准从事气瓶及气瓶阀门的修理和改造	申请单位无破产、债务等民事或者刑事诉讼
		特种设备综合检验机构或者单独设立的无损检测机构均可以申请无损检测资格。申请核准的无损检测机构，不得从事与其有利益关联的综合检验机构监督检验范围内的生产环节的无损检测工作

2. 对检验检测机构质量管理体系的要求

TSG Z7003-2004《特种设备检验检测机构质量管理体系要求》主要对以下内容作出了规定：

（1）关于质量管理体系的通用要求

包括对质量管理体系的基本要求；对质量管理体系文件的要求［文件种类（如质量方针和质量目标，质量手册，程序文件，作业指导书、管理制度、记录表格，记录，外来文件）；文件的内容；文件控制；记录控制等］内容。

（2）检验工作管理职责

包括对建立质量方针及质量目标；建立组织机构；管理责任的分配与落实；质量管理工作应当达到的要求；对最高管理者的要求；管理评审等内容。

（3）检验资源管理

包括人力资源管理；检验检测设备管理；基础设施和工作环境的管理；法规规范、标准和信息资源的管理；检验资格管理；检验责任范围等内容。

（4）检验检测实施的管理

包括检验检测实施的策划；与客户有关过程的控制要求；检验检测方法；采购及服务；检验检测分包；抽样及样品处置、被检设备保护；检验项目实施（如监督检验、定期检验、进出口锅炉压力容器监督检验、气瓶定期检验、安全阀校验、锅炉介质监测等检验项目的实施）；检测项目实施（如无损检测、理化试验等检测项目的实施）；技术记录；检验检测报告证书；检验检测实施中与特种设备监督管理部门有关的过程；对检验检测质量的监督；检验检测安全等内容。

（5）质量管理体系的分析与改进

包括策划并实施分析和改进过程、内部审核、不符合工作的控制、投诉与抱怨的处理、数据分析、纠正措施、预防措施等内容。

3. 关于检验检测工作质量的要求

特种设备检验检测质量应当符合安全技术规范的要求。

四、核准程序

综合检验机构、气瓶检验机构、无损检测机构、型式试验机构的核准程序一般为申请、受理、鉴定评审、审批、发证，对于综合检验机构、气瓶检验机构、无损检测机构，其首次核准和换证核准，还包括试检验检测。

合并重组的特种设备综合检验机构，其核准程序为临时核准、换证申请、受理、鉴定评审、审批与发证。

以下以综合检验机构、气瓶检验机构和无损检测机构的核准为例，介绍核准程序。

（一）核准申请

检验检测核准申请采取网上填报方式。申请机构应当登录负责受理的国家质量监督检验检疫总局或者省级质量技术监督部门行政许可业务系统，填写《特种设备检验检测机构核准申请书》（以下简称《申请书》），并附以下扫描资料（PDF或者JPG格式），向国家质量监督检验检疫总局或者省级质量技术监督部门提出申请：①《申请书》封面（加盖申请机构公章）；②《申请书》中的“申请核准项目”（机构法人代表人签字，加盖机构公章）；③法人资格证明文件；④组织机构代码证书；⑤现有核准证书（不适用于首次申请）；⑥特种设备检验检测质量管理体系文件目录（也可为其他电子文本）。

向国家质量监督检验检疫总局提出核准申请的综合检验机构，应当经省级质量技术监督部门同意（在《申请书》封面右下角盖章）。

因特殊情况，无法实施网上申请而以纸质文件方式进行申请的，应当提交《申请书》（原件，一式三份），以及前款③～⑥项资料的复印件。

申请资料不符合要求的，核准机关应当在接到申请资料之日起5个工作日内一次性告知申请机构需要补正的全部内容。

（二）受理

申请资料符合要求的，核准机关应当在5个工作日内做出是否受理的决定。同意受理的，向申请机构出具受理决定书；不同意受理的，向申请机构出具不予受理决定书。

申请机构有下列情况之一的，其申请不予以受理：①无法人证书或者检验检测人员未按规定办理执业注册的；②基本条件未达到《特种设备检验检测机构核准规则》（TSG Z7001-2004）要求；③未通过核准，1年内再次提出申请；④其他影响申请受理的情况。

（三）试检验检测

首次核准或者增项核准申请已经被受理的申请机构，收到受理通知后，在约请评审机构前，应当开展申请核准项目的试检验检测工作，并按照规定出具试检验检测报告。试检验检测过程应当在具有相应资格4年以上（含4年）的检验检测机构的见证下进行（无损检测的见证机构应当有A级资格），见证人员应当具有相应项目的检验师（或Ⅲ级无损检测人员）资格，并在相应的试检验检测报告（含记录）上以签字方式确认其见证了试检验检测过程。见证机构应当出具试检验检测评价文件，其内容包括检验检测细则、方案、工艺（包括通用工艺和专用工艺）的评价，对检验检测实施过程技术与质量控制的评价，对检验检测记录和报告的评价，见证人员的基本情况及技术经历，所见证被检验检测对象的基本情况等。试检验检测报告数量应当符合以下要求：①电站锅炉、客运架空索道相关核准项目1份；②其他检验核准项目不少于2份；③无损检测核准项目应当满足《特种设备检验检测机构核准规则》（TSGZ7001-2004）。

（四）鉴定评审

申请机构应当约请国家质量监督检验检疫总局公布的评审机构进行鉴定评审。

申请机构应当通过国家质量监督检验检疫总局质检行政许可在线申报服务系统，约请鉴定评审（省级质量技术监督部门负责受理、审批、发证的，其核准申请从其规定），并提交以下资料：受理决定书；质量手册文本及程序文件目录；试检验检测报告（申请首次核准或者增项核准时需要）。

鉴定评审机构应当遵循客观、公正、保密的原则进行鉴定评审，在实施鉴定评审时，发现申请资料严重失实的，应当终止鉴定评审，并且在5个工作日内将有关情况书面报告核准实施机关。另外，申请单位自受理之日起12个月内未约请鉴定评审的，该次受理自行失效。鉴定评审的基本程序包括：约请鉴定评审、确认申请材料、鉴定评审日程安排、组成评审组、现场鉴定评审（核实级别条件）、整改确认和提交鉴定评审报告。

鉴定评审机构接受申请单位的约请，应当向申请单位提供鉴定评审指南。评审机构不接受约请，应当在约请函上签署意见并说明原因，并且在收到约请函的5个工作日内告知申请单位，退回提交的申请资料。

评审机构接受申请单位的约请后，应当对提交的资料进行确认。不符合规定的，应当在10个工作日内一次性告知申请单位需要补正的内容；符合规定的，应当在10个工作日内做出鉴定评审的工作日程安排，组成评审组，并与申请单位商定具体的鉴定评审日期，所商定的日期应当确保评审机构在接受约请后3个月内完成现场鉴定评审工作。因申请单位自身原因或者战争、自然灾害、疫情等不可抗力造成的鉴定评审迟延，不受上述期限限制。

现场鉴定评审工作由评审机构组织的评审组进行。评审组一般由2～4名评审人员组成，其专业构成应当与申请核准项目相适应，并且应当与申请单位无直接利害关系。在实施现场鉴定评审的7日前，评审机构应当向申请单位寄发《特种设备现场鉴定评审通知函》，并抄送国家质量监督检验检疫总局或者省级以及下一级的质量技术监督部门。现场鉴定评审一般应当在3～5个工作日内完成。

现场鉴定评审的主要内容如下：①核查申请单位各项证明文件的真实性。②审查申请单位的人员、检验检测仪器装备、场地、设施等资源条件是否达到规定的要求。③审查申请单位质量管理体系的建立与实施是否符合《特种设备检验检测机构质量管理体系要求》的规定。④审查检验检测工作质量。⑤进行级别核定的，考察申请单位的规模、能力和管理水平，按照规定核定级别；首次级别核定后，申请单位可以单独提出级别核定申请，每次申请时间间隔不少于24个月（含首次级别核定时间）。

评审组应当在现场鉴定评审结束时，向申请单位通报现场鉴定评审情况。如果确定申请单位存在不符合有关基本条件与要求的问题时，应当签署《特种设备鉴定评审工作备忘录》，并且告知其申诉权利和时限。申请单位拒绝签署《特种设备鉴定评审工作备忘录》，应当书面陈述理由，并且加盖机构印章后交评审组。

评审组应当在现场鉴定评审结束后10日内，向评审机构提交现场鉴定评审报告、审查记录及有关见证材料。

评审机构应当根据评审组提交的材料，对评审组的现场鉴定评审工作和现场鉴定评审报告进行评议，并且根据以下情况分别作出处理：①根据《特种设备鉴定评审备忘录》和评议结果，向申请单位发出《特种设备鉴定评审不符合项目通知书》。②提交的材料不齐全、现场鉴定评审报告有疑点或者现场鉴定评审过程不符合程序规定，应当要求评审组在3个工作日内补充说明，或者在10个工作日内重新安排现场鉴定评审。③评审组终止现场鉴定评审或者申请单位拒绝签署备忘录，并且申请单位未在规定时限内向评审机构提出申诉，将有关材料直接上报核准实施机关。④符合有关基本条件的要求，直接出具特种设备鉴定评审报告。

申请单位收到《特种设备鉴定评审不符合项目通知书》后，应当在3个月内完成不符合项目的整改，其中申请换证核准的机构，应当在原核准证有效期满前1个月完成整改，并且向评审机构提交整改报告及相关见证资料。评审机构可以采取资料确认或者现场确认的方式，对整改结果进行确认。3个月内无法完成整改的，经鉴定评审机构同意可以适当延长，但延长期限最多不得超过3个月。申请单位逾期未完成整改工作的，原受理作废。

现场鉴定评审工作结束后，评审机构应当在20个工作日内向核准实施机关提交鉴定评审报告（无损检测机构含级别核定建议）。鉴定评审结论要求申请单位整改的，自整改结果确认后10个工作日内出具鉴定评审报告（无损检测机构含级别核定建议）。

首次核准的无损检测机构，符合要求准予核准的，其级别直接核定为C级，对于申请增项核准的，不重新进行级别核定。

（五）审批

核准机关在接到鉴定评审机构提交的鉴定评审报告和相关资料后，对资料进行审核，并且根据以下情况分别做出决定：①申请单位满足核准要求，予以批准。②申请单位不满足核准要求，不予以批准，并且书面告知申请单位。③鉴定评审资料不齐全或者鉴定评审过程不符合程序规定，应当要求评审机构在3个工作日内做出补充说明或者10个工作日内重新安排鉴定评审。④对鉴定评审报告或申请单位的条件有疑问，可以进行现场核查确认。

（六）发证

对予以批准的申请单位，核准机关应当在接到鉴定评审资料之日起30个工作日内颁发《特种设备检验检测机构核准证》，有分支机构的，还应当在《特种设备检验检测机构核准证》上注明分支机构的名称和地址。

（七）换证

《特种设备检验检测机构核准证》有效期为4年。持有《特种设备检验检测机构核准证》的检验检测机构，应当在有效期满前6个月内提出复核准申请。

（八）变更

持有《特种设备检验检测机构核准证》的检验检测机构，在有效期内，机构名称、负责人、地址、所有制及隶属关系变更时，应当在变更后15日内向原受理机构备案并办理变更换证，同时告知检验检测机构所在地质量技术监督部门。

（九）合并重组的特种设备综合检验机构的核准程序与鉴定评审专项要求

合并重组的检验检测机构，应当进行临时核准。综合检验机构合并重组有以下3种类型。第一种，重组后的机构已按照相关法规的规定，办妥相应的法人组织合并变更登记（包括保留法人资格的分支机构，分支机构的法人资格仅用于维持或办理分支机构员工于当地的社保与税务等事宜）；各分支机构检验行为的法律责任均由重组后的机构承担（分支机构的法人资格仅用于维持或办理分支机构员工当地的社保与税务等事宜）。第二种，以原有一个检验机构的名义，并以其为主体实施重组；参与重组的机构仍保持原有的法人资格；对检验行为所应承担的法律责任做出了符合法律规定的约定；对全部参与重组机构的人员、设备、设施、财务、质量与技术实施统一管理，各分支机构的负责人由总部任命。第三种，多个机构联合后，各机构仍保持原有的法人资格和独立性，各自承担法律责任；未完全实施人员、设备、设施、财务、质量与技术的统一管理，不属于有效的合并重组。

1. 合并重组机构的核准程序为临时核准程序

合并重组机构的核准程序为临时核准、换证申请、受理、鉴定评审、审批与发证，其中临时核准、换证申请的要求如下：

（1）临时核准申请

若干个持有《核准证》的特种设备检验检测机构进行合并重组的，合并重组后的15个工作日内应当向核准实施机关提出临时核准申请，并且提交如下书面资料：①临时核准申请报告；②重组机构的法人证书（复印件）；③与各分支机构对检验行为所应承担法律责任的约定。

（2）受理和审批

接到临时核准申请后，核准机关应当对申请资料进行审查：①经确认合并重组有效的，应当在10个工作日内换发临时《核准证》，临时《核准证》的有效期为1年，新机构无法在1年内取得新机构法人证书的可以延长1年；②经确认合并重组存在问题的，核准机关应书面告知当地省级安全监察机构和提出申请的检验检测机构。

（3）换证申请

合并重组后的检验检测机构应当在临时核准有效期满前6个月内提出换证申请。

2. 鉴定评审补充要求

①第一种重组的机构，将其作一个整体进行鉴定评审，设有分支机构的，现场评审时对分支机构的抽查比例不低于20%，且不少于2家。②第二种重组的机构，将其作一个整体进行鉴定评审，现场评审时对分支机构的抽查比例不低于50%。③第三种重组的机构，各机构（原有机构）应当各自单独提出核准申请，核准时对各申请机构逐一进行评审，对各机构分别颁发《核准证》。

第三节　检验检测活动的相关管理工作简介

一、概述

检验检测活动的相关管理工作包括检验检测机构设置规划、检验检测机构发展、检验检测业务实施方式、收费管理、质监系统检验机构管理、检验检测科研管理、检验检测行业管理、检验案例管理等内容。做好检验检测活动的管理工作，是特种设备检验制度有效实施，检验检测活动规范进行的有力保证。

二、检验检测工作实施

（一）特种设备检验检测业务实施方式

特种设备监督检验、定期检验、型式试验和无损检测应由经核准的检验检测机构进行，具体由哪些验检测机构实施，目前主要按照以下方式进行：

1. 特殊设备的检验工作实施

在全国范围内对特殊设备（如长管拖车、300万MW以上机组电站锅炉）的定期检验、A类游乐设施定期检验、客运索道定期检验等，国家质量监督检验检疫总局只核准特定的具有该类检验项目的检验机构，通过限制核准项目实现由特定的检验机构实施特定检验项目的检验工作。

2. 监督检验工作的实施

按照行政区域的划分，由省级质量技术监督部门确定有资格的检验机构实施，一般为所在地的省质监局设立的检验机构在全省范围内和所在地的市质监局所属的检验机构在本市范围内实施。

3. 定期检验工作的实施

①按照行政区域的划分，由省级质量技术监督部门确定有资格的检验机构实施，一般为所在地的省质监局设立的检验机构在全省范围内和所在地的市质监局所属的检验机构在本市范围内实施。②原行业检验机构在原来的检验业务范围内实施定期检验工作。③企业自检机构实施本单位一定范围内的特种设备定期检验工作。

4. 气瓶检验的实施

①按照本地区的分工，由充装单位自建的气瓶检验站实施本单位产权气瓶的检验

工作，由质检部门的检验站实施本地区其他气瓶检验工作。②按照本地区的分工，由充装单位自建的气瓶检验站实施本单位产权气瓶的检验工作，同时该类气瓶检验单位也开展一些面向社会的检验工作·但主要由质检部门的检验站实施本地区其他气瓶检验工作。③由充装单位自建的气瓶检验站实施本单位产权气瓶的检验工作，同时也面向社会开展气瓶检验工作，质监部门检验机构不开展气瓶检验工作。

5. 型式试验的实施

对每类型式试验机构，国家质量监督检验检疫总局原则上考虑总量的需求，核准一定数量的机构，由用户选择型式试验机构。

6. 无损检测的实施

采用市场模式运行，由生产单位、使用单位、检验单位与无损检测单位签订委托合同，依据合同开展无损检测工作。

（二）检验业务实施方式的改革

在21世纪初期，开始在一定范围内探索利用市场配置资源的优势，打破区域限制，开展由特种设备生产和使用单位选择检验机构实施检验工作的试点。试点范围，一是对按照区域分工检验机构的电梯检验能力，无法按照规定检验定额完成检验任务的城市（包括直辖市的区和副省级城市），开展电梯使用单位自主选择本省内电梯检验机构实施定期检验。二是对满足规定条件要求的中央大型石化企业石化成套装置中的压力容器和压力管道定期检验，以及部分工业园区或者其他省属单位的特种设备定期检验，开展使用单位选择检验机构进行特种设备定期检验。三是对铁路、公路、电力等工程建筑施工工地的起重机械和国家重点工程的压力管道，开展由企业自主选择经过核准的检验机构实施安装监督检验和定期检验。这项业务实施方式的改革，正在进行过程中。

三、检验检测收费管理

特种设备综合检验机构的检验检测收费，均执行当地省级财政部门、物价部门制定的收费标准。质监部门所属检验检测机构，其收费纳入行政事业单位收费管理。

型式试验机构的型式试验项目，收费主要由用户与型式试验单位协商确定，部分单位现在也开始实行统一的收费标准。

无损检测机构的收费，按照市场模式实施。

面向社会的气瓶检验机构，其收费也参照执行当地省级财政部门、物价部门制定的收费标准。

四、质监系统检验机构管理

质监系统特种设备检验机构是行政事业单位，具有事业法人资格。由所在质监部门［国家质量监督检验检疫总局，省、自治区、直辖市，市（地）级质量技术监督局］设立，由相应的人事行政部门批准建立。有些质监系统特种设备检验机构同时又是科研机构。

质监系统特种设备检验机构的财政渠道分为全额拨款、差额拨款、自收自支等方式。

质监系统特种设备检验机构的干部管理按照事业单位干部管理的相应规定实施，主要领导干部由相应的组织部门或者质监部门任命。

目前质监系统特种设备检验机构的员工招聘，一般已经按照人事管理部门制定的事业单位人员招聘制度实施。

很多地方已经对本地区事业单位员工的薪酬制度实行了统一管理。

五、检验案例管理

（一）概述

特种设备检验案例是指检验机构在检验（定期检验、监督检验）过程中发现的在用特种设备安全性能或者与特种设备许可相关的条件、产品安全性能以及质量管理体系运行等事项不符合安全技术规范的要求，且需要以案例的形式向质量技术监督部门报告的检验实例。

检验案例主要有以下作用：一是用于检验机构向负责设备登记的质量技术监督部门报告特种设备定期检验情况、以便对在用特种设备事故隐患特点进行分析、总结。二是用于特种设备许可相关的条件、产品安全性能以及质量管理体系运行情况的分析、总结。三是当为制定安全技术规范、标准以及事故应急预案提供参考依据，并为指导检验人员的检验工作实践提供参考实例。

（二）需要填写案例的检验情况

在检验中凡遇下列情况应当填写检验案例：①凡在产品监督检验过程中，发现制造、安装、修理、改造存在问题，检验单位出示意见通知书的，每份通知书均填写检验案例。②凡在进口设备检验过程中发现设备存在缺陷，造成经济损失（包括索赔、修理等）者，按台填写检验案例。③凡在定期检验过程中，发现设备存在缺陷，锅炉管损坏三分之一以上，其他部位损坏或其他设备损坏，需要进行修理、改造的，按每台设备填写案例。④事故检验不填写案例，按事故处理办。

（三）检验案例管理中需要注意的问题

①各省级质量技术监督部门应当进一步加大力度，督促做好检验案例的填报工作。②各检验机构必须及时认真地按照规定填报检验案例。③尚需进一步规范检验案例的内容。④要进一步重视特种设备生产环节和进口特种设备检验案例的填报工作。通过对典型检验案例的分析，能够全面地反映生产环节及其监督检验、安全监察工作和进口特种设备的安全性能状况。对这类缺陷要及时填报，以便及时公布典型检验案

例，起到警示作用。

目前，国家质量监督检验检疫总局正在组织《特种设备检验案例管理规则》的制定工作。

六、检验检测行业管理

随着我国经济体制改革的深入发展，政府将许多管理工作交由行业组织来实施。在特种设备检验检测活动的管理工作中，行业管理发挥着重要作用。

中国特种设备检验协会是特种设备检验检测的行业组织，其是经国家质量监督检验检疫总局核准的特种设备检验检测机构依据法定程序和协会章程规定自愿结成的全国行业性、非营利性的社会组织，具有独立法人资格。现有单位会员达400多个。该协会总部设在北京市，秘书处设在中国特种设备检测研究院。

中国特种设备检验协会主要开展以下行业活动：①参与检验检测行业规划工作。②开展各级各类人员的技术培训与教育工作。③承担特种设备检验检测人员执业注册工作。④是国家质量监督检验检疫总局公布的特种设备检验检测机构核准鉴定评审机构，实施特种设备检验检测机构核准鉴定评审工作。⑤是国家质量监督检验检疫总局公布的特种设备检验检测人员考试机构，开展特种设备高级检验师，特种设备检验师、检验员，无损检测人员，型式试验人员以及部分特种设备作业人员（安全阀维修人员）考核的考试工作。⑥协助特种设备安全监督管理部门对涉及有关检验单位的投诉案件进行调查处理。⑦接受特种设备安全监督管理部门的委托，组织承担涉及本行业有关法规、规程、标准的调研、起草、制定、修订及有关的技术服务与咨询工作；组织制定并形成协会内部统一的检验规范与程序。⑧反映会员要求，协调会员与会员、会员与行业内非会员单位及特种设备生产、使用单位之间的关系。⑨积极促进会员间的交流、协作、合作与联合，组织力量开展特种设备产品安全性能监督检验、检测、安全使用性能检验、技术争议仲裁检验、技术评价、缺陷评定及失效事故分析等方面的技术工作。⑩制定并监督行规、行约的执行，规范行业行为，加强行业自律。开展行业统计、调查，发布行业信息，进行法定检验收费标准的沟通与委托检验的价格协调。⑪开展对外学术交流、技术合作与友好往来活动。⑫中国特种设备检验协会设立了“中国特种设备检验协会科学技术奖”，奖励在特种设备检验领域的科学研究、技术开发、成果推广和高新技术产业化等方面取得或做出贡献的个人、组织。已获中华人民共和国科学技术部国家科学技术奖励工作办公室批准开展“中国特种设备检验协会科学技术奖”的国家级评奖活动。此外，中国特种设备检验协会还组织检验检测行业科技论文的评奖工作。⑬其他特种设备安全监督管理部门委托的工作。特种设备检验检测的行业管理在促进会员遵守国家法律和政策法规、维护国家利益和会员合法权益、促进行业技术发展、宣传贯彻国家有关政策、法规、标准和开展技术、学术和管理经验交流，加强检验机构正规化建设，提高检验工作质量，提高检验人员业务、技术素质等方面发挥了重要作用，行业管理已成为政府行政部门开展特种设备安全监察工作的重要手段。

第四节　对特种设备检验检测活动的监督检查

一、概述

由特种设备安全监督管理部门进行的特种设备检验检测活动监督检查，是规范特种设备检验检测活动的重要保证。

监督检查的工作任务主要有3项。一是取缔非法检验检测活动。二是在对特种设备生产、使用活动的监督检查时，检查监督检验、定期检验、型式试验等实施情况，并对拒不执行检验制度的违法行为追究法律责任，从而确保监督检验、定期检验、型式试验等能够实施。三是对特种设备检验检测机构进行的日常监督管理和现场安全监督检查，并对检验检测活动的违法行为追究法律责任，从而确保检验检测工作的规范实施。

二、特种设备检验检测机构的监督检查

（一）监督检查方式及实施分工

对特种设备检验检测机构的监督检查，分为日常监督检查、定期监督检查和专项监督检查。

日常监督检查工作由市（地）级质量技术监督部门负责实施；定期监督检查由国家质量监督检验检疫总局和省级质量技术监督部门分别组织实施。

日常监督检查每年至少进行一次；省级质量技术监督部门组织的定期监督检查，每年抽查数量不少于辖区检验检测机构总数的25%。4年中至少应当对每个检验检测机构抽查一次。

国家质量监督检验检疫总局组织或者委托有关机构进行的定期监督检查，每年抽查一定数量的检验检测机构进行检查。

各级质量技术监督部门应当将当年监督检查情况上报上一级质监部门。国家质量监督检验检疫总局定期对检验检测机构定期监督检查结果进行通报。

（二）监督检查主要内容

1. 日常监督检查主要内容

日常监督检查的重点是依法检验、检验检测任务、检验工作作风与服务质量、履行检验职责（是否有重大失误）、检验收费、检验检测人员资格、检验数据交换系统的运行、检验安全管理以及对检验工作质量等内容，对综合检验机构中的非自检机构，一般应有下述检查内容：

（1）依法检验情况

①是否有超过核准项目范围从事检验工作的情况？检验业务范围是否经省级以上质量技术监督部门确认？②跨地区作业，是否书面告知了负责设备注册登记的安全监察机构？③是否有将确认业务范围内的检验工作转包给其他检验检测机构的情况？④无损检测的分包方是否具有相应资格？⑤是否参与或从事特种设备生产、销售等相关业务与活动？

（2）检验业务管理及检验任务完成情况

①检验业务范围管理是否符合要求？是否制定了详细的检验检测计划？是否建立了检验台账？②是否按时完成了当地质量监督部门交办的任务？特种设备定检率是否符合要求？

（3）检验工作作风与服务质量

①检验工作的服务及工作作风是否符合要求？是否有服务质量问题投诉？②是否执行了征询生产使用单位意见的制度？是否保存了所有投诉与抱怨记录及纠正措施的记录？③是否有乱收费和吃、拿、卡、要行为？

（4）履行检验职责是否有重大失误

①是否有执行检验检测规程、标准的重大失误？②是否有因检验检测差错或失误引起的重大事故或爆炸事故？③是否有因检验检测差错或失误造成的重大财产损失或对社会影响较大的投诉、诉讼事件？④是否有因监检不力，导致受监检单位在换证时被责令整顿、暂缓换发证或被取消有关资质？

（5）检验检测人员

①检验检测人员资质和数量是否适应任务的要求？②实际从事检验检测工作的人员是否具备相应的资格？③监督检验人员的配备是否应当满足所承担监检任务的需要？④所聘用的检验检测人员是否与本机构依法建立劳动关系，并具有相应的检验检测资质？

（6）检验收费

①是否按照收费管理制度进行检验收费工作？②收费标准是否公示？③是否有交付用户的收费核算书面文件（如核算单、报检单或收费通知书等）？④收费是否规范？是否有超标收费、低于标准收费及乱收费（如无项收费、为达到多收费的目的增加检验项目和检验频次的收费）？

（7）检验工作质量与动态管理

①检验报告、记录的格式是否符合有关安全技术规范及本单位质量管理体系文件的规定？②检验台账、检验档案的建立和保管是否符合要求，从事的检验工作是否有可追溯性？③检验报告的签署、审批手续和发送时间是否符合要求？④是否及时上报各种检验结果（如检验案例、检验结论不合格的检验报告、检验报表等）？⑤监检意见通知书及监检联络单的出具是否符合要求？⑥是否根据检验情况及时更新特种设备

数据库？

（8）检验工作情况现场考查

①实际检验情况与规定的要求是否相符？是否按照安全技术规范的要求从事检验工作？②监检的产品质量是否符合要求？③检验工作中的安全防护是否符合要求？

（9）其他必要的检查

质检部门实施日常监督检查时，应当有两名及以上特种设备安全监察人员参加，并出示有效的特种设备安全监察人员证件；每次监督检查，均应当填写监督检查记录，对检查项目、发现的问题做出详细记载，并由参加监督检查的特种设备安全监察人员和被检查机构的有关负责人签字后归档。被检机构的有关负责人拒绝签字的，特种设备安全监察人员应当将情况记录备案。

2. 定期监督检查主要内容

定期监督检查是对检验检测机构是否满足核准要求的较为全面的检查，包括资源条件与管理、遵守核准制度情况、质量管理体系运行、检验检测工作质量、检验质量投诉调查等检查内容；也包括对鉴定评审机构评审工作质量的检查和向生产单位及使用单位了解情况、向地方质量技术监督部门特种设备安全监察机构了解情况等工作内容。

定期监督检查的具体检查内容应当在所制定的《检验检测机构定期监督检查记录表》中反映。一般要根据检验检测机构的特点分别编制适用于综合检验机构中非自检机构和自检机构的检查表，以及分别适用于型式试验机构、无损检测机构和气瓶检验机构的检查表。其中检验工作质量的检查，采取从检验检测机构所核准的项目中随机抽取一定数目检验检测项目的方式进行，具体抽查项目，由实施定期监督检查的质检部门在制定当年检查计划时确定。

定期监督检查的实地检查工作程序包括预备会、首次会议、现场检查、检查组合议、交换意见及签署备忘录等工作环节。

在定期监督检查过程中，检查人员应当及时填写检查记录。

每个检查组所负责的一个或者数个检验检测机构的定期监督检查工作结束后，应当形成总结报告。总结报告应当包括以下内容：一是监督检查概述；二是基本情况[以对被检查机构的综合评价（包括资源条件、质量管理体系运行、工作质量情况等）为主要内容]；三是检验检测机构及检验检测过程存在的问题；四是鉴定评审工作存在的问题；五是生产单位及使用单位反映的问题；六是检验检测机构反映的问题；七是地方质量技术监督部门特种设备安全监察机构反映的问题；八是核准制度存在的问题；九是建议（包括对被抽查机构、当地安全监察机构、鉴定评审机构、许可实施机关的有关建议）；十是有签字的全体检查组工作成员名单。检查工作结束时，检查组组长将总结报告交派出检查组的质检部门安全监察机构，由其汇总后存档。

三、特种设备检验检测活动违法行为的法律责任

（一）《特种设备安全法》规定的法律责任

违反《特种设备安全法》规定，特种设备检验、检测机构及其检验、检测人员有下列行为之一的，责令改正，对机构处五万元以上二十万元以下罚款，对直接负责的主管人员和其他直接责任人员处五千元以上五万元以下罚款；情节严重的，吊销机构资质和有关人员的资格：①未经核准或者超出核准范围、使用未取得相应资格的人员从事检验、检测的；②未按照安全技术规范的要求进行检验、检测的。③出具虚假的检验、检测结果和鉴定结论或者检验、检测结果和鉴定结论严重失实的。本项规定的违法行为包括以下两种：意识出具虚假的检验、检测结果和鉴定结论。所谓“虚假”是指没有客观依据、凭空臆造，例如检验、检测机构根本没有真正实施检验、检测活动，凭空捏造了一份检验、检测报告，其中的检验、检测结果和鉴定结论必然是虚假的。二是检验、检测结果和鉴定结论严重失实。“严重失实”与“虚假”不同，“严重失实”并非完全没有客观依据，是指检验、检测结果和鉴定结论与客观事故存在较大程度的偏差。出现偏差的原因，往往是检验、检测机构及其检验、检测人员工作严重不负责任造成的。④发现特种设备存在严重事故隐患，未及时告知相关单位，并立即向负责特种设备安全监督管理的部门报告的。发现特种设备存在严重事故隐患，所谓“严重隐患”是指对特种设备的安全具有较大影响的，不及时排除很有可能发生特种设备事故的隐患。理解该项规定的违法行为应当注意以下两点：一是告知对象为相关单位和负责特种设备安全监督管理的部门；二是检验、检测机构及其检验、检测人员发现严重事故隐患应当同时告知二者，只告知其一的，也构成本项规定的违法行为。⑤泄露检验、检测过程中知悉的商业秘密的，本项规定的“商业秘密”指不为公众所知悉，能为被检验、检测单位带来经济利益，具有实用，性并经被检验、检测单位采取保密措施的技术信息和经营信息。⑥从事有关特种设备的生产、经营活动的；⑦推荐或者监制、监销特种设备的；⑧利用检验工作故意刁难相关单位的。理解该项规定应当注意以下两点：一是违法主体限于检验机构及其检验人员而不包括检测机构及其检测人员。二是这里规定的“相关单位”包括特种设备生产、经营、使用单位。

（二）《特种设备安全法》规定的法律责任

违反《特种设备安全法》规定，特种设备检验、检测机构的检验、检测人员同时在两个以上检验、检测机构中执业的，处五千元以上五万元以下罚款；情节严重的，吊销其资格。

第六章　锅炉的安全管理

第一节　锅炉概述

一、锅炉概述

锅炉是由锅和炉两大部分组成的，上面的盛水（或者导热油等介质）部分为锅，下面的加热部分为炉，锅和炉的一体化设计称为锅炉。锅的原义指在火上加热的盛水容器，锅主要包括锅筒（或锅壳）、水冷壁、过热器、再热器、省煤器、对流管束及集箱等；炉指燃烧燃料的场所，主要包括燃烧设备和炉墙等。

锅炉是一种能量转换设备，向锅炉输入的能量有燃料中的化学能、电能、高温烟气的热能等形式，而经过锅炉转换，向外输出具有一定热能的蒸汽、高温水或有机热载体。

随着社会发展，锅炉燃料主要为天然气、生物质、燃煤等。

二、锅炉分类

（一）按压力分

常压锅炉：无压锅炉，就是在一个正常大气压下工作的锅炉。

低压锅炉：压力≤2.5MPa。

中压锅炉：压力≤3.9MPa。

高压锅炉：压力≤10.0MPa。

超高压锅炉：压力≤14.0MPa。

亚临界锅炉：压力17～18MPa。

超临界锅炉：压力22～25MPa。

（二）按功能分

开水锅炉、热水锅炉、蒸汽锅炉、导热油锅炉、热风锅炉。

（三）按燃料分

电加热锅炉、燃油锅炉、燃气锅炉、燃煤锅炉、沼气锅炉、太阳能锅炉等。

（四）按构造分

分为立式锅炉和卧式锅炉两种。

三、锅炉基本结构及附属元件

（一）锅炉基本结构

锅炉基本结构由空气预热器、省煤器、锅筒、水冷壁、过热器、对流管束、联箱等构成。

（二）锅炉常见附件

1. 空气预热器

锅炉尾部烟道中的烟气通过内部的散热片将进入锅炉前的空气预热到一定温度的受热面。用于提高锅炉的热交换性能，降低能量消耗。

2. 压力表

压力表是指示容器内介质压力的仪表，是压力容器的重要安全装置。按结构和作用原理不同来划分，压力表可分为液柱式、弹性元件式、活塞式和电量式四大类。活塞式压力表通常作为校验用的标准仪表，液柱式压力表一般只用于测量很低的压力。压力容量广泛采用的是各种类型的弹性元件式压力表。

3. 水位计

水位计用于显示锅炉内水位的高低。水位计应安装合理，便于观察，且灵敏、可靠。每台锅炉至少应装2只独立的水位计，额定蒸发量≤0.2t/h的锅炉可只装1只。水位计应设置放水管并接至安全地点。玻璃管式水位计应有防护装置。

4. 温度计

温度计是用来测量物质冷热程度的仪表，可用来测量压力容器介质的温度。对于需要控制壁温的容器，还必须装设测量壁温的温度计。

5. 泄压阀

又名安全阀，根据系统的工作压力能自动启闭，一般安装于封闭系统的设备或管路上保护系统安全。当设备或管道内压力超过泄压阀设定压力时，即自动开启泄压，保证设备和管道内介质压力在设定压力之下，保护设备和管道，防止发生意外。

6. 温度测量装置

温度是锅炉热力系统的重要参数之一，为了掌握锅炉的运行状况，确保锅炉的安全、经济运行，在锅炉热力系统中，锅炉的给水、蒸汽、烟气等介质均需依靠温度测量装置进行测量及监视。

7. 省煤器

布置在锅炉尾部烟道内加热给水的部件。它的作用是吸收锅炉尾部烟气中的部分热量，降低排烟温度，以节省燃料。现代锅炉一般都有省煤器。省煤器一词来源于燃煤锅炉，对于燃油、气和其他燃料的锅炉习惯上也称为省煤器。

8. 保护装置

①超温报警和联锁保护装置。超温报警装置安装在热水锅炉的出口处，当锅炉的水温超过规定的水温时自动报警，提醒司炉人员采取措施减弱燃烧。超温报警和联锁保护装置联锁后，还能在超温报警的同时自动切断燃料的供应并停止鼓、引风，以防止热水锅炉因超温而导致损坏或爆炸。②高低水位报警和低水位联锁保护装置。当锅炉内的水位高于最高安全水位或低于最低安全水位时，水位报警器就自动发出警报，提醒司炉人员采取措施，防止事故的发生。③锅炉熄灭保护装置。当锅炉炉膛熄火时，锅炉熄火保护装置开始作用，切断燃料供应，并发出相应信号。④排污阀或放水装置。排污阀或放水装置的作用是排放锅水蒸发而残留的水垢、泥渣及其他有害物质，将锅水的水质控制在允许的范围内，使受热面保持清洁，以确保锅炉的安全、经济运行。⑤防爆门。为防止炉膛和尾部烟道再次燃烧造成破坏，常采取在炉膛和烟道易爆处装设防爆门的措施。⑥锅炉自动控制装置。通过工业自动化仪表对温度、压力、流量、物位、成分等参数进行测量和调节，达到监视、控制、调节生产的目的，使锅炉在最安全、经济的条件下运行。

第二节　锅炉的安全使用

一、购买

使用单位购买有锅炉生产资质单位生产并检验合格的产品。

二、安装

由锅炉生产厂家或者有资质单位在按照《锅炉房设计规范》的要求，锅炉房基础建设完成后，进行锅炉主体安装，待土建工程完成后再安装锅炉附件。

三、调试使用

锅炉安装结束后，进行调试和生产试运行。

（一）启动

1. 检查准备

对新装、迁装和检修后的锅炉，启动前要进行全面检查。主要检查内容：①检查受热面及承压部件的内部和外部，看其是否处于可投入运行的良好状态。②检查燃烧系统各个环节是否处于完好状态。③检查各类门孔、挡板是否正常，使之处于启动所要求的位置。④检查安全附件和测量仪表是否齐全、完好，并使之处于启动要求的状态。⑤检查锅炉架、楼梯、平台等钢结构部分是否完好。⑥检查各种辅机特别是转动机械是否完好。

2. 上水

为防止产生过大热应力，上水温度最高不超过90℃，水温与筒壁温差不超过50℃。对水管锅炉，全部上水时间夏季不少于1h，冬季不少于2h，冷炉上水至最低安全水位时应停止上水，以防止受热膨胀后水位过高。

3. 烘炉

新装、迁装、大修或者长期停用的锅炉，其炉膛和烟道的墙壁非常潮湿，一旦骤然接触高温烟气，将会产生裂纹、变形，甚至发生倒塌事故，为防止此种情况发生，此类锅炉在上水后、启动前要进行烘炉。

4. 煮炉

对新装、迁装、大修或者长期停用的锅炉，在正式启动前必须煮炉。煮炉的目的是清除蒸发受热面中的铁锈、油污和其他污物，减少受热面腐蚀，提高锅水和蒸汽品质。

5. 点火升压

一般锅炉上水后即可点火升压。点火方法因燃烧方式和燃烧设备而异。层燃炉一般用木材引火，严禁用挥发性强烈的油类或者易燃物引火，以免发生爆炸事故。

6. 暖管与并汽

暖管，即用蒸汽慢慢加热管道、阀门、法兰等部件，使其温度缓慢上升，避免向冷态或者较低温度的管道突然供入蒸汽，以防止热应力过大而损坏管道、阀门等部件，同时将管道中的冷凝水驱出，防止在供汽时发生水击。并汽也叫并炉、并列，即新投入运行锅炉向共用的蒸汽母管供汽。并汽前应减弱燃烧，打开蒸汽管道上的所有疏水阀，充分疏水以防水击；冲洗水位表，并使水位维持在正常水位线以下；使锅炉的蒸汽压力稍低于蒸汽母管内气压，缓慢打开主汽阀及隔绝阀，使新启动锅炉与蒸汽母管连通。

（二）点火升压阶段应注意的安全事项

1. 防止炉膛爆炸

点火前需清除炉膛中可能存在的残存可燃气体或者其他可燃物。

防止炉膛爆炸的措施：点火前开动风机给锅炉通风5～10min，没有风机时可以自然通风5～10min，以清除炉膛及烟道中的可燃物质。点燃气、油、煤粉炉时，应先送风，之后投入点燃火炬，最后送入燃料。一次点火未成功需重新点燃火炬时，一定要在点火前给炉膛和烟道重新通风，待充分清除炉膛及烟道中可燃物之后再进行点火操作。

2. 控制升温升压速度

点火过程应对各热承压部件的膨胀情况进行监督，发现有卡住现象应停止升压，待排除故障后再继续升压，发现膨胀不均匀时应采取相应措施消除。

3. 严密监视和调整仪表

在一定时间内压力表指针应离开原点，如果指针不动，则须将火力减弱或停息，校验压力表并清洗压力管道，待压力表恢复正常后，方可继续升压。

4. 保证强制流动受热面的可靠冷却

对过热器的保护措施：在升压过程中，开启过热器出口集箱疏水阀，对空排气阀，使一部分蒸汽流经过热器后被排出，从而使过热器足够冷却。

对省煤器的保护措施：对钢管省煤器（再循环管），点火升压期间，将再循环管上的阀门打开，使省煤器中的水经锅筒、再循环管重回省煤器，进行循环流动。在上水时应将再循环管上的阀门关闭。

四、锅炉正常运行使用

（一）水位的监督调节

司炉工应不间断地通过水位表监督锅炉内水位。锅炉水位应经常保持在正常水位线处，并允许在正常水位线上下50mm内波动。水位的调节必须与气压、蒸发量联系一起控制。锅炉在低负荷运行时，水位应稍高于正常水位，以防负荷增加时水位降得过低；锅炉在高负荷运行时，水位应稍低于正常水位，以防负荷降低时水位升得过高。

（二）气压监督调节

锅炉正常运行中，蒸汽压力应基本保持稳定。当蒸发量和负荷不相等时，气压就会发生变动，若负荷小于蒸发量，气压上升；负荷大于蒸发量，气压下降。因此调节锅炉气压就是调节其蒸发量，而蒸发量的调节是通过燃烧调节和给水调节来实现的。司炉工应根据负荷变化来相应增减锅炉的燃料量（即增大或降低火力）、风量、给水量来改变锅炉蒸发量，使气压保持相对稳定。

对于间断上水的锅炉，为了保持气压稳定，注意均匀上水，上水间隔的时间不宜过长，一次上水不宜过多。在燃烧减弱时不宜上水，人工烧炉在投煤、扒渣时不宜上水。

（三）气温调节

根据锅炉负荷、燃料和给水温度的改变时间调节温度。

（四）燃烧监督调节

主要使燃料燃烧供热适应负荷要求，维持气压稳定；使燃烧完好正常，尽量减少未完全燃烧损失，减轻金属腐蚀和大气污染；对负压燃烧炉，维持引风和鼓风的均衡，保持炉膛一定的负压，以保证操作安全和减少排烟损失。

（五）排污和吹灰

排污是为了保持受热面内部清洁，避免锅水发生汽水共腾及蒸汽品质恶化而进行的操作。

吹灰主要是为了清除烟气流经蒸发受热面、过热器、省煤器及空气预热器时沉积的微粒。如果不定期清理，积尘会影响导热、蒸汽温度，降低锅炉效率。

排污和吹灰主要针对燃煤锅炉。

五、停炉及停炉保养

（一）停炉

1.正常停炉

按照预先计划内的停炉，停炉次序为停止燃料供应，停止送风，减少引风，同时逐渐降低锅炉负荷，相应地减少锅炉上水（应维持锅炉水位稍高于正常水位）。对于燃气、燃油锅炉，炉膛停火后，引风机至少要继续引风5min以上。锅炉停止供汽后，应隔断与蒸汽母管的连接，排气降压。为保护过热器防止金属超温，打开过热器出口集箱疏水阀适当放气。降压过程中，司炉工应连续监视锅炉，待锅炉内无气压时，开启空气阀，避免锅内因温度降低形成真空。

停炉时应打开省煤器旁通烟道，关闭省煤器烟道挡板，但锅炉进水仍需经过省煤器。对丁钢管省煤器，锅炉停止进水后，应开启省煤器再循环管。对尢旁通烟道的可分式省煤器，应密切监视其出水口水温，并连续经省煤器上水、放水至水箱中，使省煤器出水口水温低于锅筒压力下饱和温度20t。

正常停炉4～6h内，应紧闭炉门和烟道挡板，之后打开烟道板，缓慢加强通风，适当放水。停炉18～24h，在锅水温度降至70t以下时，方可全部放水。

2.异常停炉（紧急停炉）

出现以下情况时需紧急停炉：锅炉水位低于水位表的下部可见边缘；不断加大向锅炉进水及采取其他措施，但水位仍继续下降；锅炉水位超过最高可见水位（满水），经放水仍不能见到水位；给水泵全部失效或给水系统故障，不能向锅炉进水；水位表或安全阀全部失效；设置在蒸汽空间的压力表全部失效；锅炉元件损坏，危及操作人员安全；燃烧设备损坏、炉墙倒塌或锅炉构件被烧红等严重威胁锅炉安全运行；其他异常情况危及锅炉安全运行。

紧急停炉操作次序：立即停止添加燃料和送风，减弱引风；同时设法熄灭炉膛内的燃料，对于一般层燃炉可以用砂土或湿灰灭火，链条炉可以开快挡使炉排快速运转，把红火送人灰坑；灭火后即把炉门、灰门及烟道挡板打开，以加强通风冷却；锅内可以较快降压并更换锅水，锅水冷却至70t允许排水。因缺水紧急停炉时，严禁给锅炉上水，并不得开启空气阀及安全阀快速降压。

紧急停炉是为了防止事故扩大不得不采用的非正常停炉方式，有缺陷的锅炉应尽量避免紧急停炉。

（二）停炉保养

停炉保养是为避免或减轻汽水系统对锅炉的腐蚀而采取的防护保养。

保养方式：压力保养、湿法保养、干法保养和充气保养，具体保养方法参照锅炉制造企业给出的作业指导书或者操作规定等执行。

六、维护保养

锅炉定期保养由有资质的单位及有资质的维保人员进行维护保养操作，并出具相应的维保资料，使用单位需对相应资料进行存档。

七、禁止任何情况下改变锅炉使用功能

报废：需向相应政府职能部门申请报废，并登记建档。

电气设备：燃气锅炉电气设备需选用防爆型电气设备。

第三节　锅炉常见事故及原因分析

锅炉常见事故分为锅炉爆炸事故和锅炉重大事故两大类。

一、锅炉爆炸事故

由于意外或某些原因导致锅炉承压负荷过大造成的瞬间能量释放现象，如锅炉缺水、水垢过多、压力过大等情况都会造成锅炉爆炸，一旦出现锅炉爆炸事故，对周围建筑、人员等损伤极大。锅炉爆炸分为炉膛爆炸事故、水蒸气爆炸事故、超压爆炸事故、缺陷导致爆炸事故、严重缺水导致爆炸事故。

（一）炉膛爆炸事故

1. 后果

炉膛爆炸是指炉膛内积存的可燃性混合物瞬间同时爆燃，从而使炉膛烟气侧压力突然升高，超过了设计允许值而造成水冷壁、刚性梁及炉顶、炉墙破坏的现象，即正压爆炸。此外还有负压爆炸，即在送风机突然停转时，引风机继续运转，烟气侧压力急降，造成炉膛、刚性梁及炉墙破坏的现象。

炉膛爆炸（外爆）要同时具备三个条件：一是燃料必须以游离状态存在于炉膛中；二是燃料和空气的混合物达到爆燃的浓度；三是有足够的点火能源。炉膛爆炸常常发生于燃油、燃气、燃煤粉的锅炉。不同可燃物的爆炸极限和爆炸范围各不相同。

由于爆炸过程中火焰传播速度非常快，每秒达数百米甚至数千米，火焰激波以球面向各方向传播，邻近燃料同时被点燃，烟气容积突然增大，因来不及泄压而使炉膛

内压力陡增，从而发生爆炸。

2.原因

①在设计上缺乏可靠的点火装置、可靠的熄火保护装置及联锁、报警和跳闸系统，刚性梁结构抗爆能力差，制粉系统及燃油雾化系统有缺陷。②在运行过程中操作人员误判断、误操作，此类事故占炉膛爆炸事故总数的90%以上。有时因采用“爆燃法”点火而发生爆炸。此外，还可能因烟道闸板关闭而发生炉膛爆炸事故。

3.预防

为防止炉膛爆炸事故的发生，应根据锅炉的容量和大小装设可靠的炉膛安全保护装置，如防爆门、炉膛火焰和压力检测装置，联锁、报警、跳闸系统及点火程序和熄火程序控制系统。同时，应尽量提高炉膛及刚性梁的抗爆能力。此外，应加强使用管理，提高司炉工人的技术水平。在启动锅炉点火时要认真按操作规程说明进行点火，严禁采用“爆燃法”，点火失败后先通风吹扫5～10min后才能重新点火；在燃烧不稳定、炉膛负压波动较大时，如除大灰、燃料变更、制粉系统及雾化系统发生故障、低负荷运行时，应精心控制燃烧，严格控制负压。

（二）水蒸气爆炸事故

锅炉中容纳水及水蒸气较多的大型部件，如锅炉及水冷壁集箱等，在正常工作时，或者处于水汽两相共存的饱和状态，或者是充满了饱和水，容器内侧的压力等于或接近于锅炉的工作压力，水的温度则是该压力对应的饱和温度。一旦该容器破裂，容器内液面上的压力瞬间下降为大气压，与大气压相对应的水的饱和温度是100℃工作压力系高于100℃的饱和水此时成了极不稳定、在大气压下难以存在的“过饱和水”，其中的一部分即瞬时汽化，体积骤然膨胀许多倍，在容器周围空间形成爆炸。

（三）超压爆炸事故

超压爆炸是指由于安全阀、压力表不齐全、损坏或装置错误，操作人员擅离岗位或放弃监视责任，关闭或者关小出汽通道，将无承压能力的生活锅炉改成承压蒸汽锅炉等原因，致使锅炉主要承压部件，如筒体、封头、管板、炉胆等承受的压力超过其承载能力而造成的锅炉爆炸。

（四）缺陷导致爆炸事故

缺陷导致爆炸是指锅炉承受的压力并未超过额定压力，但因锅炉主要承压部件出现裂纹、严重变形、腐蚀、组织变化等情况，导致主要承压部件丧失承载能力，突然大面积破裂爆炸。

（五）严重缺水导致爆炸事故

锅炉严重缺水时，锅炉的锅筒、封头、管板、炉胆等直接受到火焰加热，金属温度急剧上升至烧红，如果此时上水，立即引起爆炸。

二、锅炉重大事故

（一）锅炉缺水事故

1. 后果

当锅炉水位低于水位表最低安全水位刻度线时，即形成了锅炉缺水事故。锅炉缺水时，水位表内往往看不到水位，表内发白、发亮。锅炉缺水后，低水位警报器开始动作并发出警报，过热蒸汽温度升高，给水流量不正常地小于蒸汽流量。锅炉缺水是锅炉运行中最常见的事故之一，常常造成严重后果。严重缺水会使锅炉蒸发受热面管子过热变形甚至烧塌，胀口渗漏，胀管脱落，受热面钢材过热或过烧，降低或丧失承载能力，管子爆破，炉墙损坏。如果锅炉缺水处理不当，甚至会导致锅炉爆炸。

2. 原因

①运行人员疏忽大意，对水位监视不严，或者操作人员擅离职守，放弃了对水位及其他仪表的监视。②水位表故障造成假水位，而操作人员未及时发现。③水位报警器或给水自动调节器失灵而又未及时发现。④给水设备或给水管路故障，无法给水或水量不足。⑤操作人员排污后忘记关排污阀，或者排污阀泄漏。⑥水冷壁、对流管束或省煤器管子爆破漏水。

3. 处理

发现锅炉缺水时，应首先判断是轻微缺水还是严重缺水，然后酌情给予不同的处理。通常判断缺水程度的方法是“叫水”。“叫水”的操作方法：打开水位表的放水旋塞冲洗汽连管及水连管，关闭水位表的汽连接管旋塞，关闭放水旋塞。如果此时水位表中有水位出现，则为轻微缺水。如果通过“叫水”，水位表内仍无水位出现，说明水位已降到水连管以下甚至更严重，属于严重缺水。

轻微缺水时，可以立即向锅炉上水，使水位恢复正常。如果上水后水位仍不能恢复正常，应立即停炉检查。严重缺水时，必须紧急停炉。在未判定缺水程度或者已判定属于严重缺水的情况下，严禁给锅炉上水，以免造成锅炉爆炸事故。

“叫水”操作一般只适用于相对容水量较大的小型锅炉，不适用于相对容水量很小的电锅炉或者其他锅炉。对相对容水量小的电锅炉或其他锅炉，以及最高水界在水连管以上的锅壳锅炉，一旦发现缺水，应立即停炉。

（二）锅炉满水事故

1. 后果

锅炉水位高于水位表最高安全水位刻度线的现象称为锅炉满水。锅炉满水时，水位表内也往往看不到水位，但表内发暗，这是满水与缺水的重要区别。

锅炉满水后，高水位报警器开始动作并发出警报，过热蒸汽温度降低，给水流量不正常地大于蒸汽流量。严重满水时，锅水可进入蒸汽管道和过热器，造成水击及过热器结垢。因而满水的主要危害是降低蒸汽品质，损害甚至于破坏过热器。

2. 原因

①运行人员疏忽大意，对水位监视不严；或者运行人员擅离职守，放弃了对水位及其他仪表的监视。②水位表故障造成假水位，而运行人员未及时发现。③水位报警器及给水自动调节器失灵又未能及时发现等。

3. 处理

发现锅炉满水后，应冲洗水位表，检查水位表有无故障；一旦确认满水，应立即关闭给水阀停止向锅炉上水，启用省煤器再循环管路，减弱燃烧，开启排污阀及过热器、蒸汽管道上的疏水阀；待水位恢复正常后，关闭排污阀及各疏水阀；查清事故原因并予以消除，恢复正常运行。如果满水时出现水击，则在恢复正常水位后，还须检查蒸汽管道、附件、支架等，确定无异常情况后才可恢复正常运行。

（三）锅炉汽水共腾

1. 后果

锅炉蒸发表面（水面）汽水共同升起，产生大量泡沫并上下波动、翻腾的现象叫汽水共腾。发生汽水共腾时，水位表内也出现泡沫，水位急剧波动，汽水界线难以分清；过热蒸汽温度急剧下降；严重时，蒸汽管道内发生水冲击。汽水共腾与满水一样，会使蒸汽带水，降低蒸汽品质，造成过热器结垢后水击振动，损坏过热器或影响蒸汽设备的安全运行。

2. 原因

①锅水品质太差。由于给水品质差、排污不当等原因，造成锅水中悬浮物或含盐量太高，碱度过高。由于汽水分离，锅水表面层附近含盐浓度更高，锅水黏度很大，气泡上升阻力增大。在负荷增加、汽化加剧时，大量气泡被黏阻在锅水表面层附近来不及分离出去，形成大量泡沫，使锅水表面上下翻腾。②负荷增加及压力降低过快。当水位高、负荷增加过快及压力降低过速时，会使水面汽化加剧，造成水面波动及蒸汽带水。

3. 处理

发现汽水共腾时，应减弱燃烧力度，降低负荷，关小主汽阀；加强蒸汽管道和过热器的疏水；全开连续排污阀，并打开定期排污阀放水，同时上水，以改善锅水品质；待水质改善，水位清洗时，可逐渐恢复正常运行。

（四）锅炉爆管

1. 后果

锅炉爆管（炉管爆破）是指锅炉蒸发受热面管子在运行中爆破，包括水冷壁、对流管束管子爆破及烟管爆破。炉管爆破时，往往能听到爆破声，随之水位降低，蒸汽及给水压力下降，炉膛或烟道中有汽水喷出的声响，负压减小，燃烧不稳定，给水流量明显大于蒸汽流量，有时还有其他比较明显的状况。

2. 原因

①水质不良、管子结垢并超温引起爆破。②水循环故障。③严重缺水。④制造、运输、安装中管内落入异物，如钢球、木塞等。⑤因烟气磨损导致管壁减薄。⑥运行中或停炉后因管壁因腐蚀而变薄。⑦管子膨胀受阻碍，由于热应力造成裂纹。⑧吹灰不当造成管壁变薄。⑨管路缺陷或焊接缺陷在运行中发展扩大。

3. 处理

炉管爆破时，通常必须紧急停炉后再进行修理。

由于导致炉管爆破的原因很多，有时往往是几方面的因素共同影响而造成的，因而防止炉管爆破必须从搞好锅炉设计、制造、安装、运行管理、检验等各个环节入手。

（五）省煤器损坏

1. 后果

省煤器损坏是指由于省煤器管子破裂或省煤器其他零件损坏所造成的事故。省煤器损坏时，给水流量不正常地大于蒸汽流量；严重时，锅炉水位下降，过热蒸汽温度上升；省煤器烟道内有异常声响，烟道潮湿或漏水，排烟温度下降，烟气阻力增大，引风机电流增大。省煤器损坏会造成锅炉缺水，从而被迫停炉。

2. 原因

①烟速过高或烟气含灰量过大，飞灰磨损严重。②给水品质不符合要求，特别是未进行除氧，管子水侧被严重腐蚀。③省煤器出口烟气温度低于其酸露点，在省煤器出口段烟气侧产生酸性腐蚀。④材质缺陷或制造及安装时的缺陷导致破裂。⑤因水击或炉膛、烟道爆炸而使省煤器剧烈振动并损坏等。

3. 处理

省煤器损坏时，如能经直接上水管给锅炉上水，并使烟气经旁通烟道流出，则可不停炉进行省煤器的修理，否则必须停炉进行修理。

（六）过热器损坏

1. 后果

过热器损坏主要指过热器爆管。这种事故发生后，蒸汽流量明显下降，且不正常地小于给水流量；过热蒸汽温度上升，压力下降；过热器附近有明显的声响，炉膛负压减小，过热器后的烟气温度降低。

2. 原因

①锅炉满水、汽水共腾或汽水分离效果差而造成过热器内进水结垢，导致过热器爆管。②受热偏差或流量偏差使个别过热器管子超温而爆管。③启动、停炉时对过热器保护不善而导致过热器爆管。④工况变动（如负荷变化、给水温度变化、燃料变化等）使过热蒸汽温度上升，造成金属超温爆管。⑤材质有缺陷或用错材质（如在需要用合金钢的过热器上错用了碳素钢）。⑥制造或安装时的质量问题，特别是焊接缺陷。⑦管内异物堵塞。⑧被烟气中的飞灰严重磨损。⑨吹灰不当，损坏管壁等。

由于在锅炉受热面中过热器的使用温度最高，致使过热蒸汽温度变化的因素很多，相应造成过热器超温的因素也很多。因此，过热器损坏的因素比较复杂，往往与温度工况有关，在分析问题时需要综合各方面的因素考虑。

3. 处理

过热器损坏通常需要停炉后进行修理。

（七）水击事故

1. 后果

水在管道中流动时，因速度突然变化而导致压力突然变化，形成压力波并在管道中传播的现象叫作水击。发生水击时管道承受的压力骤然升高，发生猛烈振动并发出巨大声响，常常造成管道、法兰、阀门等的损坏。

2. 原因

锅炉中易产生水击的部位有给水管道、省煤器、过热器、锅筒等。

①给水管道的水击常常是由于管道阀门关闭或开启过快造成的。例如，阀门突然关闭，高速流动的水突然受阻，其动压在瞬间转变为静压，造成对内门、管道的强烈冲击。②省煤器管道的水击分为两种情况：一种是省煤器内部分水变成了蒸汽，蒸汽与温度较低的（未饱和）水相遇时，水将蒸汽冷凝，原蒸汽区压力降低，使水速突然发生变化并造成水击；另一种则与给水管道的水击相同，是由阀门的突然开闭造成的。③过热器管道的水击常发生在锅炉满水或汽水共腾事故中，在暖管时也可能出现。造成水击的原因是蒸汽管道中出现了水，水使部分蒸汽降温甚至冷凝，形成压力降低区，蒸汽携水向压力降低区流动，使水速突然变化而产生水击。④锅筒的水击也有两种情况：一是上锅筒内水位低于给水管出口，而给水温度又较低时，大量低温进水造成蒸汽凝结，使压力降低而导致水击；二是下锅筒内采用蒸汽加热时，进汽速度太快，蒸汽迅速冷凝形成低压区，造成水击。

3. 预防与处理

为了预防水击事故，给水管道和省煤器管道的阀门启闭不要过于频繁，开、闭速度要缓慢；对可分式省煤器的出口水温要严格控制，使之低于同压力下的饱和温度40℃；防止满水和汽水共腾事故，暖管之前应彻底疏水；上锅筒进水速度应缓慢，下锅筒进汽速度也应缓慢。发生水击时，除立即采取措施使之消除外，还应认真检查管道、阀门、法兰、支撑物等，如无异常情况，才能使锅炉继续运行。

（八）尾部烟道二次燃烧

1. 后果

尾部烟道二次燃烧主要发生在燃油锅炉上。当锅炉运行中燃烧不完全时，部分可燃物随着烟气进入尾部烟道，积存于烟道内或黏附在尾部受热面上，在一定条件下这些可燃物自行着火燃烧。尾部烟道二次燃烧常将空气预热器、省煤器破坏。引起尾部烟道二次燃烧的条件：在锅炉尾部烟道上有可燃物堆积下来，并达到一定的温度，有一定量的空气可控燃烧。这三个条件同时满足时，可燃物就有可能自燃或被引燃着火。

2. 原因

尾部烟道二次燃烧易在停炉之后不久发生。

（1）可燃物在尾部烟道积存

锅炉启动或停炉时燃烧不稳定、不安全，可燃物随烟气进入尾部烟道，积存在尾部烟道；燃油雾化不良，来不及在炉膛完全燃烧而随烟气进入尾部烟道；鼓风机停转后炉膛内负压过大，引风机有可能将尚未燃烧的可燃物吸引到尾部烟道上。

（2）可燃物着火的温度条件

刚停炉时尾部烟道上尚有烟气存在，烟气流速很低甚至不流动，受热面上因沉积可燃物，传热系数低，难以向周围散热；在温度较高的情况下，可燃物自氧化加剧并放出一定能量，从而使温度更进一步上升。

（3）保持一定空气量

尾部烟道门孔和挡板关闭不严密；空气预热器密封不严，空气泄漏。

3. 预防

为防止产生尾部烟道二次燃烧，要提高燃烧效率，尽可能减少不完全燃烧损失，减少锅炉的启停次数；加强尾部受热面的吹灰；保证烟道各种门孔及烟气挡板的密封良好；应在燃油锅炉的尾部烟道上装设灭火装置。

（九）锅炉结渣

1. 后果

锅炉结渣是指灰渣在高温下黏结于受热面、炉墙、炉排之上并越积越多的现象。燃煤锅炉结渣是个普遍性的问题，层燃炉、沸腾炉、煤粉炉都有可能结渣。由于煤粉炉炉膛温度较高，煤粉燃烧后的细粉呈飞腾状态，因而更易在受热面上结渣。结渣使受热面的吸热能力减弱，降低锅炉的效率；局部水冷壁管结渣会影响和破坏水循环，甚至造成水循环故障；结渣会造成过热蒸汽温度的变化，使过热器金属超温；严重的结渣会妨碍燃烧设备的正常运行，甚至被迫停炉o结渣对锅炉的经济性和安全性都有不利影响。

2. 原因

产生结渣的原因主要是煤的灰渣熔点低、燃烧设备设计不合理、运行操作不当等。

3. 预防

预防锅炉结渣的主要措施：①在设计上要控制炉膛燃烧热负荷，在炉膛中布置足够的受热面，控制炉膛出口温度，使之不超过灰渣变形温度；合理设计炉膛形状，正确设置燃烧器，在燃烧器结构性能设计中充分考虑结渣问题；控制水冷壁间距不要太大，而要把炉膛出口处受热面管间距拉开；在炉排两侧装设防焦集箱等。②要避免超负荷运行；控制火焰中心位置，避免火焰偏斜和火焰冲墙；合理控制过量空气系数并减少漏风。③对沸腾炉和层燃炉，要控制送煤量，均匀送煤，及时调整燃料层和煤层厚度。④发现锅炉结渣要及时清除。清渣应在负荷较低、燃烧稳定时进行，操作人员应注意防护和保证安全。

第四节　锅炉风险分析及风险控制

根据《危险化学品重大危险源辨识》（GB 18218-2014）及国家安全监管总局关于宣布失效一批安全生产文件的通知（安监总办〔2016〕13号）文件要求，已取消锅炉列入重大危险源的划分范畴。但建议凡是符合下列条件的锅炉使用单位，建议将锅炉列入高风险作业管理，制定专项预案，并按要求进行演练。

蒸汽锅炉：额定蒸汽压力＞2.5MPa，且额定蒸发量≥10t/h。

热水锅炉：额定出水温度≥120℃，且额定功率≥14MW。

一、设计

①必须安全、可靠。受压元件所用金属材料和焊接材料应当符合相应的国家标准和行业标准；结构应当能够按照设计预定方向自由膨胀，使所有受热面都得到可靠的冷却；受压部件应当有足够的强度，炉墙有良好的密封性。②设计文件应当经过国家质量监督检验检疫总局核准的检验检测机构鉴定，经鉴定合格的设计总图的标题栏上方应当标有鉴定标记。

二、制造、安装、改造、维修

①锅炉及其安全附件、安全保护装置的制造、安装、改造单位，应当获得国家质量监督检验检疫总局的许可，锅炉制造单位应当具备《中华人民共和国特种设备安全法》及《特种设备安全监察条例》所规定的条件，并按照锅炉制造范围，取得国家质量监督检验检疫总局统一制定的锅炉类《特种设备制造许可证》，方可从事锅炉制造活动。②锅炉的维修单位，应当经过各省级质量技术监督局许可，取得许可证后方能从事相关的活动。③锅炉安装、改造、维修的施工单位，应当在施工前将拟进行的锅炉安装、改造、维修情况书面告知锅炉所在地的市级质量技术监督局。④锅炉的制造、安装、改造、重大维修过程，必须经国家质量监督检验检疫总局核准的检验检测机构有资格的检验员，按照安全技术规范要求进行监督检验，经监督检验合格后方可出厂或者交付使用。

三、使用

锅炉使用单位应当严格执行《中华人民共和国特种设备安全法》《特种设备安全

监察条例》及有关法律法规规定，设置锅炉管理机构或者配备专职、兼职安全管理人员，制定安全操作规程和安全管理制度，以及事故应急措施和救援预案，并认真执行，确保锅炉安全使用。

锅炉使用单位应当建立锅炉安全技术档案，档案的内容包括锅炉的设计、制造、安装、改造、维修技术文件和资料，定期检验和定期自行检查的记录，日常使用状况记录，锅炉本体及其安全附件、安全保护装置、测量调控装置及有关附属仪器仪表的日常维护保养记录，运行故障和事故记录等。

四、锅炉检验

使用中的锅炉应当进行定期检验，以便及时发现锅炉在使用中存在的潜在安全隐患和管理上的缺陷，能及时采取应对措施，预防事故发生。

锅炉定期检验工作，应当由经过国家质量监督检验检疫总局核准的检验检测机构有资格的检验员进行。

锅炉使用单位应当按照安全技术规范的定期检验要求，在安全检验合格有效期届满前1个月，向锅炉检验检测机构提出定期检验要求。只有经过定期检验合格的锅炉才允许继续投入使用。

五、锅炉元件安全管理

（一）安全阀

每台蒸汽锅炉应当至少装设2个安全阀（不包括省煤器上的安全阀）。对于额定蒸发量≤0.5t/h的蒸汽锅炉或者<4t/h且装有可靠的超压联锁保护装置的蒸汽锅炉，可以只装设1个安全阀。

蒸汽锅炉的可分式省煤器出口处、蒸汽过热器出口处、再热器入口处和出口处，都必须装设安全阀。

锅筒（锅壳）上的安全阀和过热器上的安全阀的总排放量，必须大于锅炉额定蒸发量，并且在锅筒（锅壳）和过热器上的所有安全阀开启后，锅筒（锅壳）内蒸汽压力不得超过设计时计算压力的1.1倍。

对于额定蒸汽压力≤3.8MPa的蒸汽锅炉，安全阀的流道直径不应小于25mm；对于额定蒸汽压力≥3.8MPa的蒸汽锅炉，安全阀的流道直径不应小于20mm。

热水锅炉额定热功率>1.4MW的应当至少装设2个安全阀，额定热功率≤1.4MW的应当至少装设1个安全阀。热水锅炉上设有水封安全装置时，可以不装设安全阀，但水封装置的水封管内径不应小于25mm，且不得装设阀门，同时应有防冻措施。

热水锅炉安全阀的泄放能力，应当满足所有安全阀开启后锅炉不超过设计压力的1.1倍。对于额定出口热水温度低于100℃的热水锅炉，当额定热功率≤1.4MW时，安全阀流道直径不应小于20mm；当额定热功率>1.4MW时，安全阀流道直径不应小于

32mm。

几个安全阀如果共同装设在一个与锅筒（锅壳）直接相连接的短管上，则短管的流通截面积应不小于所有安全阀流道面积之和。

安全阀应当垂直安装，并应装在锅筒（锅壳）、集箱的最高位置。在安全阀和锅筒（锅壳）之间或者安全阀和集箱之间，不得装有取用蒸汽或者热水的管路和阀门。

安全阀上应当装设泄放管，在泄放管上不允许装设阀门。泄放管应当直通安全地点，并有足够的截面积和防冻措施，以保证排水畅通。

安全阀有下列情况之一时，应当停止使用并更换：安全阀的阀芯和阀座密封不严且无法修复；安全阀的阀芯与阀座粘死或者弹簧严重腐蚀、生锈；安全阀选型错误。

（二）压力表

每台蒸汽锅炉除必须装有与锅筒（锅壳）蒸汽空间直接相连接的压力表外，还应当在给水调节阀前、可分式省煤器出口、过热器出口和主汽阀之间、再热器出入口、强制循环锅炉水循环泵出入口、燃油锅炉油泵进出口、燃气锅炉的气源入口等部位装设压力表。

每台热水锅炉的进水阀出口和出水阀入口、循环水泵的进水管和出水管上都应当装设压力表。

在额定蒸汽压力＜2.5MPa的蒸汽锅炉和热水锅炉上装设的压力表，其精确度不应低于2.5级；额定蒸汽压力≥2.5MPa的蒸汽锅炉，其压力表精确度不应低于1.5级。

压力表应当根据工作压力选用。压力表表盘刻度极限值应为工作压力的1.5～3倍，最好选用2倍。

压力表表盘大小应当保证司炉人员能够清楚地看到压力指示值，表盘直径不应小于100mm。

压力表装设应当符合下列要求：装设在便于观察和冲洗的位置，并应防止受到高温、冰冻和振动的影响；有缓冲弯管，弯管采用钢管时，其内径不应小于10mm；压力表和弯管之间应装有三通旋塞，以便冲洗管路、卸换压力表等。

压力表有下列情况之一时，应当停止使用并更换：有限止钉的压力表在无压力时，指针不能回到限止钉处；无限止钉的压力表在无压力时，指针距零的数值超过压力表的允许误差；表盘封面玻璃破裂或者表盘刻度模糊不清；封印损坏或者超过检验有效期限；表内弹簧管泄漏或者压力表指针松动；指针断裂或者外壳腐蚀严重；其他影响压力表准确指示的缺陷。

（三）水位表

每台蒸汽锅炉应当至少装设2个彼此独立的水位表。但符合下列条件之一的蒸汽锅炉可以装设1个直读式水位表：额定蒸发量≤0.5t/h的锅炉；电加热锅炉；额定蒸发量≤2t/h且装有1套可靠的水位示控装置的锅炉；装有2套各自独立的远程水位显示装置的锅炉。

水位表应当装在便于观察的地方。水位表距离操作地面高于6m时，应当加装远程水位显示装置。远程水位显示装置的信号不能取自一次仪表。

水位表应当装有指示最高、最低安全水位和正常水位的明显标志。水位表的下部可见边缘至少应比最高水界高50mm，且应比最低安全水位至少低25mm；水位表的上部可见边缘应当比最高安全水位至少高25mm。

水位表应当有放水阀门和接到安全地点的防水管。水位表（或水表柱）和锅筒（锅壳）之间的连接管上应当有阀门，锅炉运行时阀门必须处于全开位置。

水位表有下列情况之一时，应当停止使用并更换：超过检修周期；玻璃板（管）有裂纹、破碎；阀件固死；出现假水位；水位表指示模糊不清。

六、锅炉安全管理要点

（一）使用定点厂家的合格产品

国家对锅炉压力容器的设计与制造有严格的要求，实行定点生产制度。锅炉压力容器的制造单位必须具备保证产品质量所必需的加工设备、技术力量、检验手段和管理水平。购置、选用的锅炉压力容器应是定点厂家的合格产品，并有齐全的技术文件、产品质量合格证明书和产品竣工图。

（二）登记建档

锅炉压力容器在正式使用前，必须到当地特种设备安全监察机构登记，经审查批准入户建档、取得使用证后方可使用。使用单位也应建立锅炉压力容器的设备档案，保存设备的设计、制造、安装、使用、修理、改造和检验等过程的技术资料。

（三）专责管理

使用锅炉压力容器的单位应对设备进行专责管理，并设置专门机构，责成专门的领导和技术人员负责管理设备。

（四）持证上岗

锅炉司炉、水质化验人员及压力容器操作人员应分别接受专业安全技术培训并经考试合格，持证上岗。

（五）照章运行

锅炉压力容器必须严格依照操作规程及其他法规操作运行，任何人在任何情况下不得违章作业。

（六）定期检验

定期检验是指在设备的设计使用期限内进行检查，或做必要的试验。每隔一定的时间对其承压部件和安全装置进行定期检验是及早发现缺陷、消除隐患、保证设备安全运行的一项行之有效的措施。锅炉压力容器定期检验分为外部检验、内部检验和耐压试验。实施特种设备法定检验的单位须取得国家质量监督检验检疫总局的核准资格。锅炉每年一检；压力表、安全阀为半年一检。

（七）监控水质

水中杂质使锅炉结垢、腐蚀及产生汽水共腾，会降低锅炉使用效率、使用寿命及供汽质量，必须严格监督、控制锅炉给水及锅水水质，使之符合锅炉水质标准的规定。

（八）报告事故

若锅炉压力容器在运行中发生事故，除紧急妥善处理外，应按规定及时、如实上报主管部门及当地特种设备安全监察部门。

七、检维修状态下的风险管理

锅炉炉体检维修作业应委托有资质的单位及有相关操作证件的从业人员进行维修作业，承包方作业过程必须遵循以下规定：①严格执行发包方的“相关方管理规定”，禁止违章作业，违反规定进入未经允许场所。②维修作业过程严格执行操作管理制度及操作规程。③执行许可制度，执行工作票。④有相应的防护设施及措施，如设置通风设施、气体检测仪及应急处理设施及措施，⑤锅炉的检修。锅炉检修前的准备工作：检修锅炉前，要让锅炉按正常程序停炉，缓慢冷却，用锅水循环和炉内通风等方式，逐步把锅内和炉膛内的温度降下来。当锅水温度降到80℃以下时，把被检验锅炉上的各种门孔全部打开。打开门孔时应防止被蒸汽、热水或烟气烫伤；要把被检验锅炉上的蒸汽、给水、排污等管道与其他运行中锅炉相应管道的通路隔断。隔断用的盲板要有足够的强度，以免被运行中的高压介质鼓破。隔断位置要明确标示出来；被检验锅炉的燃烧室和烟道要与总烟道或其他运行锅炉相通的烟道隔断。烟道闸门要关严密，并于隔断后进行通风。

八、检修中的安全注意事项

①注意通风和监护。在进入锅筒、容器前，必须将锅筒上的入孔和集箱上的手孔全部打开，使空气对流一定时间，充分通风。进入锅筒检验时，锅筒外必须有人监护。在进入烟道或燃烧室检查前，也必须通风。②注意用电安全。在锅筒和潮湿的烟道内检验而用电灯照明时，其电压不应超过24V；在比较干燥的烟道内，在有妥善安全措施的情况下，可采用不高于36V的照明电压。进入容器检验时，应使用电压不超过12V或24V的低压防爆灯。检验仪器和修理工具的电源电压超过36V时，必须采用绝缘良好的软线和可靠的接地线。锅炉、容器内严禁采用明火照明。③禁止带压拆装连接部件。检验锅炉时，如需要卸下或上紧承压部件的紧固件，必须将压力全部泄放后方能进行，不能在容器内有压力的情况下卸下或上紧螺栓及其他紧固件，以防止发生意外事故。④禁止自行以气压试验代替水压试验。锅炉的耐压试验一般都用水作为加

压介质，不能用气体作为加压介质，否则十分危险。

个别锅炉由于结构等方面的原因，不能用水做耐压试验时，即使设计规定可以用气压代替水压，也要在试验前经过全面检查，核算强度，并按设计规定认真采取切实可靠的措施后方能进行，同时应事先取得有关部门的同意。

九、建立健全安全管理制度、操作规程、岗位职责（以燃气锅炉为例）

（一）巡回检查制度

①为了保证锅炉及其附属设备正常运行，以代班为主按下列顺序每2小时至少进行一次巡查。②鼓风机引风是否正常，电动机和轴承升温是否超限。③检查燃烧设备和燃烧工艺是否正常。④检查锅炉受压元件可见部位和炉墙等部位是否有异常。⑤检查水温水位，给水泵轴承电动机温度，各阀开关位置和水压力等是否正常。⑥检查是否漏电，水膜除尘器水量大小。⑦检查安全附件和一次仪表、二次仪表量是否正常，各项指标信号有无异常变化。⑧风机、水泵等润滑部位的油位是否正常。⑨巡回检查发现问题要及时处理，并将检查结果记入锅炉及附件设备运行记录内。

（二）锅炉设备维修保养制度

锅炉设备的维修保养，是在不停炉的情况下，进行经常性的维护修理。结合巡回检查发现的问题，在不停炉时维修。

1. 维修保养的主要内容

①一旦水位表玻璃管损坏，出现漏水、漏气，用另外的水位表观察水位，及时修复损坏的水位表。②压力表损坏，表盘不转动时及时维修，不能维修的要更换。③冒滴漏的阀门能维修的及时维修，不能维修的要更换。④转动机械润滑油路保持畅通，油杯保持一定的油位。⑤检查及维修上煤机、出渣机、炉排、风机、给水管道、阀门、给水泵等。⑥检查二次仪表和保护装置。⑦清除设备及附属设备上的灰尘。

2. 对安全附件试验校验的要求

①安全阀手动放气或放水试验每周至少进行1次，自动放气或放水试验每3个月进行1次。②压力表正常运行时每周1次冲洗存水弯管，每半年至少校验1次，并在刻度盘上刻划标示工作压力红线。校后铅封。③高、低水位报警器，低水位联锁装置，超压、超温、报警器，起压联锁装置每月至少做1次报警联锁试验。

设备维护保养和安全附件试验校验情况要做好详细记录，锅炉房管理人员应定期抽检。

（三）锅炉工交接班制度

①接班人员按规定班次和规定时间提前到锅炉房做好接班准备工作，并详细了解锅炉运行情况。②交接者提前做好准备工作，进行全面认真的检查和调整保持锅炉运行正常。③交接班时，如果接班人员没有按时到达现场，交班人员不能离开工作岗

位。④交班者需要做到“五交”“五不交”。五交：锅炉燃烧压力水温正常；锅炉安全附件、报警和保护装置灵敏可靠；锅炉体和附件设备无异常；锅炉运行资料、备件、工具、用具齐全；锅炉房清洁卫生，文明生产。五不交：不交给喝酒和有病的司炉人员；锅炉车体和附属设备出现异常现象时不交接；在事故处理时不进行交接；接班人员不到时不交给无证司炉人员；锅炉压力、水位、温度和燃烧不正常不交接。⑤交班时由双方共同巡回检查，路线逐点、逐项检查，将要交接班的内容和存在的问题认真记录在案。⑥交接班要交上级有关锅炉运行的指令。⑦交接者在交接班记录中签字后发现设备有缺陷应由交班人负责。

（四）水处理交接班制度

第一，交班人员在交班前对水处理设备和化验仪器、药品进行全面检查，具备下列条件能接班：①水处理设备正常，软水主要指标合格。②锅炉碱度、pH、氯根等项指标合格。③化验仪器、玻璃器具和分析用药品齐全完好。④工作场所清洁卫生，物品摆放整齐。⑤水处理设备运行和化验记录填写正确、准确、完整，严禁弄虚作假。

第二，交班人员要向接班人员介绍设备运行情况，以及水质化验和锅炉排污等方面出现的问题。

第三，没有办理交班手续，交班人员不准离开工作岗位。

第四，接班人员应按规定时间到达工作岗位，查阅交班记录，听取交班情况介绍。

第五，交接班人员共同检查软水处理设备、化验仪器、药品等是否齐全正常，并对软水锅炉主要指标进行化验，合格后方能正常交接班。

第六，接班人员未能按时交接班，交班人员应向有关领导报告，但不能离开工作岗位。

第七，交班时，如遇事故或重大操作项目，应待事故处理完毕后或操作告一段落后，方可交接班，接班人员应积极协同处理事故和完成操作项目。

（五）锅炉水质管理制度

①锅炉水必须处理，没有可靠水处理措施，水质不合格，锅炉不准投入运行。②严格执行《工业锅炉水质》（GB1576-2008）标准，加强水质监督。③锅炉水处理一般采用炉外化学处理，对水立式、卧式内燃和水型热水锅炉可采用锅内加药水处理。④采用锅内加药水处理的锅炉，每班必须对给水硬度、锅水碱度、pH三项指标至少化验1次（给水化验水箱内加药水）。⑤采用炉外化学处理的锅炉，给水应每2h测定1次硬度、pH及溶解氯，炉水应在2～4h测定1次碱度、氯根、pH及磷酸根。⑥专职或兼职水质化验员，要经质量监督部门考核合格后，才能进行水处理工作。⑦对离子交换器的工作，要针对设备特点指定操作规程，并认真执行。⑧水处理人员要熟悉掌握设备、仪器、药剂的性能、性质和使用方法。⑨分析化验用的药剂应妥善保管，易燃易爆、有毒有害的药剂要严格规定保管。⑩锅炉停用检修时，首先要有水处理人员检查

结垢腐蚀情况，对垢的成分和厚度、腐蚀面积和深度以及部位做好记录。 化验室和水处理间应保持清洁卫生，有防火措施。 水处理设备的运行和水质化验记录填写完整、正确。

（六）锅炉房安全保卫制度

①锅炉房是使用锅炉的要害部门之一，除锅炉房工作员、有关领导及安全保卫生产管理人员外，其他人员未经允许，不准进入。②当班人员要坚守岗位，提高警惕，严格执行操作技术规程和巡回检查制度。③非当班人员，未经班长同意，不准开关锅炉房的各种阀门，烟风门及电器开关；无证司炉工、水质化验员，不准上岗操作。④禁止锅炉房存在易燃、易爆物品，所需少量润滑油，清洗油的油桶、油壶，要存放在指定地点，并注意检查煤中是否有爆炸物。⑤锅炉在运行或压火期间，房门不得锁住或拴住，压火期间要有人监护。⑥锅炉房要配备消防器材，认真管理，不要随便移动或挪作他用。⑦锅炉一旦发生事故，当班人员要准确、迅速地采取措施，防止事故扩大，并立即报告有关领导。

（七）锅炉房清洁卫生制度

①锅炉房不准存放与锅炉操作无关的物品，锅炉用煤、备品、备件、操作工具应放在指定地方，摆放整齐。②锅炉房地平，墙壁、门窗要经常保持清洁卫生。③手烧炉投过煤后要随时打扫落在地上的煤，保持地面清洁。④煤场、渣场要分开设置，煤堆、渣堆要堆放整齐，定期洒水。⑤每班下班前，对工作场地、仪表、阀门等打扫干净。⑥每周对锅炉房及所管地域进行大扫除，保持清洁卫生。⑦主管领导要经常组织有关人员，对锅炉房的清洁卫生进行检查评比，奖勤罚懒，做到清洁卫生，文明生产。

（八）司炉工岗位责任制

①司炉工必须持证上岗，不准无证操作，严格执行各项规章制度，做好各项锅炉运行记录。②坚守岗位，集中思想，严格操作。当班时不看书，不看报，不打瞌睡，不准随意离开工作岗位。③接班前按规定巡视，检查好各种设备，包括水位表、压力表、鼓风机、给水系统、润滑系统、冷却水、进煤、出渍等装置运行情况，交班时要核对记录，清点用具。④努力学习专业知识，精通业务，钻研技术，不断提高技术水平，确保锅炉安全经济运行。⑤对炉体及辅助设备定期检查，做到文明生产。⑥发现锅炉有异常现象危及安全时，应采取紧急停炉措施，并及时报告单位负责人。⑦服从锅炉安全监察人员和单位安全管理人员的管理，做好本职工作。

（九）燃气锅炉操作规程

1. 开机前的准备工作

①检查燃气压力是否正常，管道阀门有无泄漏，阀门开关是否到位。②试验燃气报警系统工作是否正常可靠，按下试验按钮风机能否启动。③检查软化水系统是否正

常，保证软水器处于工作状态，水箱水位正常。④检查锅炉、除污器阀门开关是否正常。⑤除氧器能正常运行。⑥软化水设备能正常运行。软化水应符合GB1576—2008的标准，软水箱内水位正常，水泵运行无故障。

2. 开机

①接通电控柜的电源总开关，检查各部位是否正常，故障是否有信号。如果无信号应采取相应措施或检查修理，排除故障。②燃烧器进入自动清扫、点火，部分负荷、全负荷运行状态。③在升至一定压力时，应进行定期排污1次，并检查炉内水位。

3. 运行中的巡查工作

①开启锅炉电源，监视锅炉正常点火运行，检查火焰状态，检查各部件运转声响有无异常。②巡视锅炉升温状况，大、小火转换控制状况是否正常。③巡视天然气压力是否正常稳定，天然气流量是否在正常范围内，以判断过滤器是否堵塞。④巡视水泵压力是否正常，有无异响。

4. 事故停炉

①当发现锅炉本体产生异常现象，安全控制装置失灵，应按动紧急断开钮，停止锅炉运行。②锅炉给水泵损坏，调解装置失灵，应按动紧急断开按钮，停止锅炉运行。③当电力燃料方面出现问题时应采取按动紧急断开按钮。④当有危害锅炉或者人身安全现象时均应采取紧急停炉措施。

5. 临时停电注意事项

①迅速关闭主蒸汽阀，防止锅筒失水。②关闭电源总开关和天然气阀门。③关闭锅炉连续排污阀门，防止锅炉出现其他故障。④关闭除氧气供气阀门。⑤按正常停炉顺序，检查锅炉燃料、气、水阀门是否符合停炉要求。

6. 燃气不足时注意事项

①迅速与化产风机房取得联系，问清事故原因，并采取相应可行的措施。②报告上级有关部门及领导。③随时观察燃烧情况，火焰正常时为麦黄色。

十、现场紧急处置方案

某锅炉公司一台KG-25/3.8-M型流化床锅炉，压火后重新运行时，烟道内突然“砰”的一声发生爆炸，周围浓烟四起，炉砖向炉后四处散落，锅炉严重损坏。事故造成了近十万元的经济损失，所幸未造成人员伤亡。

（一）事故经过

发生事故的锅炉是河南某锅炉公司试制的25t流化床锅炉。锅炉安装完成后，由施工单位操作人员进行操作，开始锅炉点火试运行，由于车间检修，锅炉开始压火，司炉人员在床温850℃时停止给煤，床温再次回落时停止送风，风机挡板关到零位。重新起火升压，按正常操作，先启动引风机，引风机启动后，显示炉膛负压为400mm水柱，再启动一次风，少量给煤，炉墙负压显示为200mm水柱，稍后仪表显示床温稍有升高，忽然发现炉膛内出现正压，接着听到锅炉内一声爆响，锅炉烟道内发生爆炸。

现场勘察发现，锅炉受热面未受到明显损坏，锅炉低位过热器炉墙整体倒塌，省煤气炉墙粉碎性破坏，其余炉墙也出现不同程度外张，并产生裂纹，锅炉上锅筒产生少量位移。经分析认为，这是一起典型的烟道爆炸事故。

（二）事故原因分析

从事故的现象分析，这是一次较为严重的由烟道内可燃物质引发的爆炸事故。从事故的破坏情况分析，爆炸位置是在省煤器附近，由于锅炉投入使用时间不长，烟道内并未积存太多的未燃尽颗粒，造成爆炸的主要成分应是煤气和挥发性成分。从操作人员的运行操作看，似乎没有明显的问题，但经过认真的分析，事故的原因主要是司炉操作人员没有采取正确的操作方式。

在锅炉压火时没有足够的时间通风，没能吹净炉内存留的可燃气体。事故发生前几天一直下雨，锅炉给煤较湿，锅炉运行时，由于燃料中水分的蒸发，加大了通风量，大大增加了通风负荷。在压火操作时，操作人员按常规进行压火并停止通风，由于通风时间较短，导致大量的可燃气体存留在烟道内，为事故的发生埋下了隐患。

压火时间较长，启动时没有进行炉膛吹扫。锅炉压火时间已近10h，炉温已低于500℃以下，其间由于风门关闭、氧气不足，产生大量的挥发性成分和一氧化碳气体，积存在温度较低的烟道内。启动时，操作人员只注意了炉膛负压，没有对锅炉进行足够时间的炉膛吹扫，而且在开始运行时没有打开引风机挡板，在锅炉升火过程中，烟道内积存的一氧化碳和挥发性成分遇明火发生爆燃，将省煤器、过热器处的炉墙炸毁，造成锅炉严重事故。

防爆门设计不合理，也是造成锅炉损坏严重的原因之一。从锅炉损坏情况看，在设置防爆门的一侧，炉墙破坏明显轻于其他部分。该锅炉属试制锅炉，锅炉只设计了一个防爆门，尤其是容易造成事故的锅炉尾部受热面没有设置防爆门，事故造成该锅炉尾部受热面炉墙完全破坏与其防爆门设置不合理也有一定关系。

（三）事故教训和建议

锅炉安装单位和使用单位安全意识不强，对锅炉试运行安全没有足够的重视，是造成这一事故的一个重要因素。从锅炉点火到发生事故，由于使用单位没有针对炉型及时培训司炉人员，司炉操作全部由安装单位临时负责。安装单位仅聘请了电厂的司炉人员，而没有针对安装单位本身特点培训司炉操作人员，没有针对锅炉特点制定相应的操作规程和规章制度，没有根据特殊工况制定相应措施，为锅炉运行造成了许多不安全因素。锅炉安装单位往往重视安装过程，而忽视了对司炉操作人员的培养，此次事故为安装单位敲响了警钟。锅炉安装单位所操作的都是新安装的锅炉，炉型不固定，操作规程也不健全，对司炉操作人员的专业素质、应急处理能力和工作责任心应该有更高的要求。安装单位必须进一步提高对锅炉试运行阶段安全的重视程度，增强自身安全运行能力和对用户的服务水平。

制造单位应当针对这次锅炉事故所暴露出来的问题，认真地查找制造方面的原因，采取加强联锁保护、增加防爆门和对炉墙进行加强等改进措施，以尽可能地减少事故造成的危害。

制造单位安装使用说明书对使用操作没有做出明确的要求，也是制造单位工作的明显不足。事故发生后，监管部门对锅炉说明书进行了认真阅读，结果发现，安装使用说明书编写得非常笼统，尤其是对锅炉使用操作部分起不到真正的指导作用，对锅炉压火及其启动也没有做出明确的规定，对锅炉可能发生的故障也没有制定出预防措施。作为锅炉的制造单位，防止锅炉事故发生是应尽的义务，应尽量为锅炉用户考虑周全，尤其是对容易出事故的环节，如点火、压火等阶段，还应明确告知注意事项，以最大程度减少此类事故的发生。

第七章 压力容器与压力管道的安全管理

第一节 压力容器的安全管理

一、简介

（一）分类

压力容器一般泛指在工业生产中盛装用于完成反应、传质、传热、分离和储存等生产工艺过程的气体或液体，并能承载一定压力的密闭设备。它被广泛用于石油、化工、能源、冶金、机械、轻纺、医药、国防等工业领域。

压力容器的分类方法很多，为利于安全技术监察和管理，《固定式压力容器安全技术监察规程》将压力容器按压力等级划分为以下4类：

低压（代号L）：0.1MPa≤P＜1.6MPa。

中压（代号M）：1.6MPa≤P＜10.0MPa。

高压（代号H）；10.0MPa≤P＜100.0MPa。

超高压（代号U）：P≥100.0MPa。

（二）基础知识

1.压力容器的安全附件

（1）安全阀

安全阀是一种由进口静压开启的自动泄压阀门，它依靠介质自身的压力排出一定数量的流体介质，以防止容器或系统内的压力超过预定的安全值。当容器内的压力恢复正常后，阀门自行关闭，并阻止介质继续排出。安全阀分为全启式安全阀和微启式安全阀。根据安全阀的整体结构和加载方式不同可以分为净重式、杠杆式、弹簧式和先导式4种。

（2）爆破片

爆破片又称爆破膜或防爆膜，是一种断裂型安全泄放装置。与安全阀相比，它具有结构简单、泄压反应快、密封性能好、适应性强等特点。爆破片装置是一种非重闭式泄压装置，由进口静压使爆破片受压爆破而泄放出介质，以防止容器或系统内的压力超过预定的安全值。

（3）爆破帽

爆破帽为一端封闭、中间有一薄弱层面的厚壁短管，爆破压力误差较小，泄放面积较小，多用于超高压容器。超压时其断裂的薄弱层面在开槽处。由于其工作时通常还受温度影响，因此，一般均选用热处理性能稳定，且随温度变化较小的高强度材料（如34CrNi3Mo钢等）制造，其爆破压力与材料强度之比一般为0.2～0.5。

（4）易熔塞

易熔塞属于“熔化型”（“温度型”）安全泄放装置，它的动作取决于容器壁的温度，主要用于中、低压的小型压力容器，在盛装液化气体的钢瓶中应用更为广泛。

（5）紧急切断阀

紧急切断阀是一种特殊结构和特殊用途的阀门，它通常与截止阀串联安装在紧靠容器的介质出口管道上。其作用是在管道发生大量泄漏时紧急止漏，一般还具有过流闭止及超温闭止的性能，并能在近程和远程独立进行操作。紧急切断阀按操作方式的不同可分为机械（或手动）牵引式、油压操纵式、气压操纵式和电动操纵式等多种，前两种目前在液化石油气槽车上应用非常广泛。

（6）减压阀

减压阀的工作原理是利用膜片、弹簧、活塞等敏感元件改变阀瓣与阀座之间的间隙，在介质通过时产生节流，因压力下降而使其减压。

2.压力容器的一些基本概念

（1）压力

压力容器的压力可以来自两个方面，一是在容器外产生（增大）的，二是在容器内产生（增大）的。

①最高工作压力。多指在正常操作情况下，容器顶部可能出现的最高压力。②设计压力。是指在相应设计温度下用以确定容器壳体厚度及其元件尺寸的压力，即标注在容器铭牌上的设计压力。压力容器的设计压力值不得低于最高工作压力。当容器各部位或受压元件所承受的液柱静压力达到5%的设计压力时，则应取设计压力和液柱静压力之和来进行该部位或元件的设计计算；装有安全阀的压力容器的设计压力不得低于安全阀的开启压力或爆破压力。容器的设计压力应按国家标准《固定式压力容器》（GB150-2010）相应规定确定。

（2）温度

①金属温度

指容器受压元件沿截面厚度的平均温度。在任何情况下，元件金属的表面温度不得超过钢材的允许使用温度。

②设计温度值

指容器在正常操作时，在相应设计压力下，壳壁或元件金属可能达到的最高或最低温度。当壳壁或元件金属的温度低于-20℃时，按最低温度确定设计温度值；除此之外，设计温度值一律按最高温度选取。设计温度值不得低于元件金属可能达到的最高金属温度；对于0℃以下的金属温度，则设计温度值不得高于元件金属可能达到的最低金属温度。容器设计温度值（即标注在容器铭牌上的设计介质温度）是指壳体的设计温度值。

（3）介质

①介质的分类

生产过程所设计的介质品种繁多，分类方法也有多种。按物质状态分类，可分为气体、液体、液化气体、单质和混合物等；按化学特性分类，则有可燃、易燃、惰性和助燃4种；按介质对人类的毒害程度分类，又可分为极度危害（Ⅰ）、高度危害（Ⅱ）、中度危害（Ⅲ）、轻度危害（Ⅳ）4级。

②易燃介质

易燃介质是指与空气混合的爆炸下限＜10%，或爆炸上限与下限值之差≥20%的气体，如一甲胺、乙烷、乙烯等。

③毒性介质

《固定式压力容器安全技术监察规程》（TSGR0004—2009）对介质毒性程度的划分是参照国家标准《职业性接触毒物危害程度分级》（GB5044—1985）的规定，共分为4级，其最高允许浓度分别为极度危害（Ⅰ级）＜0.1mg/m^3；高度危害（Ⅱ级）0.1～1.0mg/m^3；中度危害（Ⅲ级）1.0～10mg/m^3；轻度危害（Ⅳ级）≥10mg/m^3。压力容器中的介质为混合物质时，应根据介质的组成成分并按毒性程度或易燃介质的划分原则，由设计单位的工艺设计部门或使用单位的生产技术部门决定介质的毒性程度或是否属于易燃介质。

④腐蚀性介质

石油化工介质对压力容器用材具有耐腐蚀性要求。有的介质中含有杂质，使腐蚀性加剧。腐蚀性介质的种类和性质各不相同，加上工艺条件不同，介质的腐蚀性也不相同。这就要求压力容器在选用材料时，除了满足使用条件下的力学性能要求外，还要具备足够的耐腐蚀性，必要时还要采取一定的防腐措施。

（4）减压阀的使用

当调节螺栓向下旋紧时，弹簧被压缩，将膜片向下推，顶开脉冲阀阀瓣，高压侧的一部分介质就经高压通道进入，经脉冲阀阀瓣与阀座间的间隙流入环形通道而进入气缸，向下推动活塞并打开主阀阀瓣，这时高压侧的介质便从主阀阀瓣与阀座之间的间隙流过而被节流减压。同时，低压侧的一部分介质经低压通道进入膜片下方空间，当其压力随高压侧的介质压力升高而升高到足以抵消弹簧的弹力时，膜片向上推动脉冲阀阀瓣逐渐闭合，使进入气缸的介质减少，活塞和主阀阀瓣向上移动，主阀关小，从而减少流向低压侧的介质量，使低压侧的压力不至于因高压侧压力的升高而升高，从而达到自动调节压力的目的。

二、典型压力容器的安全操作

（一）氧气瓶安全操作

1. 氧气的相关性质

英文名：oxygen或oxygen gas0

化学式：O_2。

相对分子质量：32。

含量：高纯氧（体积）≥99.99%。

物理性质：常温下无色无味气体。

熔点：-218℃（标准状况）；＜-218℃淡蓝色雪花状的固体。

沸点：-183℃（标准状况）；＜-183℃淡蓝色液体；＞-183℃无色无味。

密度：1.429 g/L。

溶解度：不易溶于水，标准大气压下1L水中溶解30mL氧气。

发现人：马和、约瑟夫·普里斯特利、卡尔·威廉·舍勒。

命名人：拉瓦锡。

同素异形体：臭氧（O_3）。

大气中体积分数：20.95%。

氧气是氧元素最常见的单质形态，在标准状况下是无色无味无臭的气体。

燃爆危险：本品助燃。

纯度93.5%～99.2%的氧气与可燃气（如乙炔）混合，产生极高温度的火焰，从而使金属熔融。

2. 氧气瓶安全操作

按照《气瓶安全监察规程》《溶解乙炔气瓶安全监察规程》《永久气体气瓶充装规定》等法规和标准，对氧气瓶的设计、制造、检验、充装和使用等都做了科学和明确的规定。①使用的氧气瓶必须是国家定点厂家生产的。新瓶必须有合格证和锅炉压力容器安全监察部门出具的检验证书。②氧气瓶必须按规定定期检验。超期的气瓶严禁充装。③氧气瓶禁止与油脂接触。操作者不能穿有油污过多的工作服，不能用手、油手套和油工具接触氧气瓶及其附件。

（二）乙炔瓶安全操作

1. 乙炔的相关性质

乙炔是最简单的炔烃，也称为电石气，为易燃气体。在液态和固态下或在气态和一定压力下有猛烈爆炸的危险，受热、震动、电火花等因素都可以引发爆炸，因此不能在加压液化后贮存或运输。乙炔难溶于水，易溶于丙酮，在15℃和总压力为15大气压时，在丙酮中的溶解度为237g/L，溶液是稳定的。因此，工业上是在装满石棉等多孔物质的钢桶或钢罐中，使多孔物质吸收丙酮后将乙炔压入，以便贮存和运输。

英文名称：acetylene。

分子式：C_2H_2。

结构式：H－C≡C－H（直线型）。

结构简式：HC≡CH。

分子量：26.0373。

性状：无色无味气体，工业品有使人不愉快的大蒜气味。

熔点（℃）：-81.8（119 kPa）。

沸点（℃）：-83.8（升华）。

相对密度（水=1）：0.62（-82℃）。

相对密度（空气=1）：0.91

饱和蒸汽压（kPa）：4460（20℃）。

临界密度（$g \cdot cm^{-3}$）：2.32。

燃烧热（kJ/mol）：-1298.4。

临界温度（℃）：35.2。

临界压力（MPa）：6.19。

辛醇/水分配系数：0.37。

闪点（℃）：-17.7（CC）。

引燃温度（℃）：305。

爆炸上限（%）：82。

爆炸下限（%）：2.5。

溶解性：微溶于水，溶于乙醇、丙酮、氯仿、苯，混溶于乙醚。

2. 乙炔瓶安全操作

（1）运输注意事项

采用钢瓶运输时，必须给钢瓶戴好安全帽。钢瓶一般平放，并应将瓶口朝同一方向，不可交叉；高度不得超过车辆的防护栏板，并用三角木垫卡牢，防止滚动。运输时运输车辆应配备相应品种和数量的消防器材。装运该物品的车辆排气管必须配备阻火装置，禁止使用易产生火花的机械设备和工具装卸。严禁与氧化剂、酸类、卤素等混装混运。夏季应早晚运输，防止日光暴晒。中途停留时应远离火种、热源。公路运输时要按规定路线行驶，勿在居民区和人口稠密区停留。铁路运输时要禁止溜放。

（2）储存

①使用单位在使用乙炔瓶的现场，储存量不得超过3瓶。②储存站与明火或散发

火花地点的距离不得小于15m。③储存站应有良好的通风、降温等设施，要避免阳光直射，要保证运输道路畅通，其附近应配备干粉或二氧化碳灭火器（严禁使用四氯化碳灭火器）。④乙炔瓶存放时要保持直立位置，并有防倾倒的措施。⑤严禁与氧气瓶等易燃物品同室储存。⑥储存站应有专人管理，在醒目的地方应设置“严禁烟火”等警告标志。

（3）使用

①乙炔瓶放置地点不得靠近热源和电器设备，与明火距离不小于10m。②直立使用。③严禁放置在通风不良或放射性射线源场所。④严禁敲击、碰撞，瓶体引弧或放置在绝缘体上。⑤严禁暴晒，严禁用40℃以上热源加热瓶体。⑥乙炔瓶和氧气瓶放置在同一辆小车上时，应用非可燃材料隔离。⑦配置专用减压器和回火防止器。⑧严禁手持点燃的焊割工具开闭乙炔气瓶。⑨乙炔瓶使用过程中发现泄露，及时处理。⑩乙炔不得使用殆尽，应至少保留0.5MPa的余压。⑪乙炔气瓶与氧气瓶间的安全距离为5m，且都不可暴晒。⑫严禁使用铜制工具开启或者关闭乙炔瓶。

（4）乙炔气瓶防爆技术措施

①使用乙炔时，必须配用合格的乙炔专用减压器和回火防止器。②瓶体表面温度不得超过40℃。③乙炔瓶存放和使用时只能直立，不能横躺卧放。④开启乙炔瓶的瓶阀时，不要超过1.5圈，一般情况下只开启3/4圈。⑤乙炔从瓶内输出的压力不得超过0.15MPa。瓶内乙炔严禁用尽，必须留有不低于0.5MPa的余压。

乙炔泄漏处理方法：喷雾状水稀释、溶解。构筑围堤或挖坑收容产生的大量废水。如有可能，将漏出的乙炔气体用排风机送至空旷地方或装设适当喷头烧掉。漏气容器要妥善处理，修复、检验合格后再用。

（三）氮气瓶的安全操作

1. 氮气的理化性质及标识

化学分子式：N_2。

危险性类别：不燃气体。

熔点：-209.8℃。

沸点：-195.6℃。

相对密度（水=1）：0.81/-196℃。

临界温度：-147℃。

临界压力：3.4MPa。

饱和蒸汽压（kPa）：1026.42/-173℃。

溶解性：微溶于水、乙醇。

2. 危险特性

若遇高热，容器内压力增大，有开裂和爆炸的危险。

3. 健康危害

空气中氮气含量过高，使吸入氧气分压下降，引起缺氧窒息。吸入氮气浓度不太高时，患者最初感胸闷、气短、疲乏无力；继而烦躁不安、极度兴奋、乱跑、叫喊、神志不清、步态不稳，称之为“氮酩酊”，随后可进入昏睡或昏迷状态。吸入高浓度氮气，患者可迅速出现昏迷、呼吸心跳停止而致死亡。若从高压环境下过快转入常压环境，体内会形成氮气气泡，压迫神经、血管或造成微血管阻塞，发生“减压病”。

（四）液氨储罐的安全操作

1. 液氨的理化性质

英文名：ammonia。

分子式：NH_3。

相对分子量：17.03。

性状：无色有刺激性恶臭的气味。

熔点（℃）：-77.7°

沸点（℃）：-33.5。

相对密度（水=1）：0.817。

相对密度（空气=1）：0.6。

饱和蒸汽压（kPa）：506.62（4.7℃）。

临界温度（℃）：132.5。

临界压力（MPa）：11.40。

溶解性：易溶于水、乙醇、乙醚。

2. 液氨储罐的储存安全管理

（1）液氨罐的储存布置

大型液氨储罐外壁、实瓶库及灌装站构成重大危险源的，其边缘与人员集中活动场所边缘的距离不宜小于50m；小型液氨储罐、实瓶库及灌装站间距离不宜小于25m；实瓶库应有装车站台及便于运输的道路。

液氨常温存储应选用压力球罐或卧罐，储罐个数不宜少于2个，灌组内储罐的防火间距应符合以下要求：卧罐之间的防火间距不应小于1.0倍卧罐直径，两排卧罐的间距不应小于3m。

球罐之间的防火间距有事故排放至火炬或吸收处理装置时，不应小于0.5倍球罐的直径；无事故排放至火炬的措施时，不应小于1.0倍球罐的直径；同一罐组内球罐与卧罐的防火间距，应采用较大值。

全冷冻式液氨储罐应设防火堤，防火堤应满足下列要求：在满足耐燃烧性、密封性和抗震要求的前提下，综合考虑安全、占地、投资、地形、地质及气象等条件，还应考虑到罐组容量及所处位置的重要性、周围环境特点及发生事故的危害程度、施工及生产管理、维修工作量及施工、材料来源等因素，因地制宜，合理设置，使其达到坚固耐久、经济合理的效果。

堤内有效容积应不小于一个最大储罐容积的60%；防火堤内应采用现浇混凝土地面，应有坡向外侧不小于3知的坡度，在堤内较低处设置集水设施，连接集水设施的雨水排除管道应从地面以下通出，堤外应设有可控制开闭的装置与之连接，开闭装置上应设有能显示其开闭状态的明显标志；隔堤与防火堤必须是闭合的；防火堤上必须设置2个以上人行踏步或坡道，并设置在不同方位上；防火堤高度不宜高于0.6m，防火堤内堤脚线距储罐不应小于3m，防火堤内的隔堤不宜高于0.3m；防火堤及隔堤的选型宜采用砖砌、钢筋混凝土或浆砌毛石，应能承受所容纳稀释氨水的静压及温度变化的影响，且不渗漏；防火堤内地坪标高不宜高于堤外消防道路路面或地面的标高；防火堤内的排水应实行清污分流，含有污染物的废水应采取回收处理措施。

存储量根据存储使用的天数确定，管道输送一般7～10d为宜，铁路运输10～20d为宜，公路运输10～15d为宜，其储罐容量尚应满足一次装（卸）车量的要求。

液氨储罐区防火堤内严禁绿化，罐组与周围消防车道之间，不应种植绿篱或茂密的灌木丛。

液氨储罐顶部应设置遮阳或喷淋降温设施。

（2）液氨罐液氨的装卸

①液氨装卸站的进、出口，应分开设置，当进、出口合用时，站内应设回转车场。②装卸车必须使用金属万向管道充装系统，禁止使用软管充装，金属万向管道充装臂与集中布置的泵的距离不应小于10m，充装臂之间的距离不应小于4m。③在距装卸车金属万向管道充装臂10m以外的装卸液氨管道上，除设置便于操作的紧急切断阀外，应设置远程切断装置。④液氨的铁路装卸栈台，每隔60m左右应设安全梯。⑤液氨的铁路装卸栈台宜单独设置；当不同时作业时，也可与可燃液体装卸共台设置。⑥液氨的汽车装卸车场，应采用现浇混凝土地面。⑦钢瓶灌装间应为敞开式建筑物，实瓶不应露天堆放。

（3）液氨罐储存区域的消防设施

第一，现场应设置完善的消防水系统，配置相应的消防器材和设备、设施；岗位应配置通信和报警装置。

第二，液氨存储与装卸场所应设明显的防火警示标志。

第三，存储装卸区周边道路应根据交通、消防和分区要求合理布置，通道、出入口和通向消防设施的道路应保持畅通，消防车道应满足以下要求：

宜设置环形消防车道，环形消防车道至少应有2处与其他车道联通；当受地形条件限制时，也可设回转车道或回转车场，回转车场的面积不应小于12.0m×12.0m；供大型消防车使用时，不宜小于18.0m×18.0m。

存储区消防道路路边至平行防火堤外侧基脚线的距离不应小于3m，相邻罐组防火堤的外侧基脚线之间，应留有宽度不小于7m的消防空地。

消防道路的路面宽度不应小于6m，路面内缘转弯半径不应小于1m，路面上净空高度不应低于5m；供消防车停留的空地，其坡度不应大于3%。

当道路路面高出附近地面2.5m以上，且在距离道路边缘15m范围内，有液氨储罐或管道时，应在该段道路的边缘设护墩、矮墙等防护设施。

消防车道路路面、扑救作业场地及其下面的管道和暗沟等应能承受大型消防车的压力。

消防车道可利用厂区交通道路，但应满足消防车通行与停靠的要求。

消防车道不宜与铁路正线平交，如必须平交，应设置备用车道，且两车道之间的间距不应小于一列火车的长度。

供消防车取水的天然水源和消防水池应设置消防车道。

储罐的中心至不同方向的两条消防车道的距离，均不应大于120m。不能满足此要求时，车道至任何储罐的中心，不应大于80m，且最近消防车道的路面宽度不应小于9m。

第四，液氨存储与装卸场所应设消火栓，其布置应符合下列要求：

宜选用地上式消火栓，沿道路敷设，地下式消火栓应有明显标志。

消火栓距路边不应大于2m；距房屋外墙不宜小于5m。

地上式消火栓的大口径出水口应面向道路。当其设置场所有可能受到车辆冲撞时，应在其周围设置防护设施。

消火栓应在装置四周道路边设置，消火栓的间距不宜超过60m；距被保护对象15m以内的消火栓不应计算在该保护对象可使用的数量之内。

第五，消防用水应满足下列要求：

消防给水当采用高压或临时高压给水系统时，管道的供水压力应能保证用水总量达到最大；在罐区的任何部位，水枪的充实水柱应不小于10.0m，并应高于最高罐顶2.0m。

消防用水量不应小于60L/s。

第六，液氨储罐区应设置防止液氨泄漏逸散的水幕装置。

第七，液氨存储及装卸现场灭火器配置应满足以下要求：应设置在位置明显和便于取用的地点，不得影响安全疏散。灭火器的最大保护距离不宜超过12m。每一个配置点的灭火器数量不应少于2具。对有视线障碍的灭火器设置点，应设置指示其位置的发光标志。

（4）日常设备设施管理要求

①液氨存储与装卸装置的压力容器、压力管道，必须符合以下要求：

设计、制造、安装、改造、维修、使用、检验检测及其监督检查等必须符合《特种设备安全监察条例》《压力容器安全技术监察规程》及《压力管道安全技术监察规程—工业管道》（TSG D0001-2009）等相关要求，使用单位应当向直辖市或者设区的市特种设备安全监督管理部门登记，登记标志应置于或者附着于该特种设备的显著位置。

使用单位应当设专（兼）职人员管理，建立特种设备安全技术档案。

按照TSGR0004、GB/T 20801.5等对压力容器和压力管道定期进行检测检验，未经检验或者检验不合格的，不准使用。

贮量1t以上的储罐基础，每年应测定基础下沉状况。

安全装置不准随意拆除、挪用或弃置不用。

液氨储罐、输送管道应至少每月进行1次自行检查，并做出记录。对日常维护保养时发现异常情况的，应当及时处理。

②液氨储罐应满足下列要求：

液氨储罐应设置液位计、压力表和安全阀等安全附件，超过100m^3的液氨储罐应设双安全阀，要定期校验，保证完好灵敏。

安全阀应为全启式，安全阀出口管应接至火炬系统。确有困难时，可就地放空，但其排气管口应高出8m半径范围内的平台或建筑物顶3m以上。

低温液氨储罐尚应设温度指示仪。

根据工艺条件，液氨储罐应设置上、下限液位报警装置。

日常储罐充装系数不应大于0.85。

存储量构成重大危险源的，应在设置温度、压力、液位等检测设施的基础上完善视频监控和联锁报警等装置。装置中液氨总量超过500t的，应配备温度、压力、液位等信息的不间断监测、显示和报警装置，并具备信息远传和连续记录等功能，电子记录数据的保存时间不少于60d。

③液氨存储与装卸现场的管道敷设应满足以下要求：

宜地上敷设。

采用管墩敷设时，墩顶高出设计地面不应小于300mm。

主管道带上的固定点，宜靠近罐前支管道带处设置。

防火堤不宜作为管道的支撑点，管道穿防火堤处应设钢制套管，套管长度不应小于防火堤的厚度，套管两端应做防渗漏的密封处理。

在管道带适当的位置应设跨桥，桥底面最低处距管顶（或保温层顶面）的距离不应小于80mm。

罐组之间的管道布置，不应妨碍消防车的通行。

气体放空管宜设蒸汽或氮气灭火接管。

④液氨存储装卸区域应加强安全用电管理，并满足以下要求：

电气、仪表设备以及照明灯具和控制开关应符合防爆等级要求。

电力电缆不应和液氨管道、热力管道敷设在同一管沟内。

应急照明灯具和灯光疏散指示标志的备用电源的连续供电时间不应少于30min。

液氨存储装卸区域的电气设备和线路检修应符合《国家爆炸危险场所电器安全规

程》的规定。

设备、设施的电器开关宜设置在远离防火堤处，严禁将电器开关设在防火堤内。

⑤防雷接地应符合以下要求：

液氨罐体应做防雷接地，接地点不应少于2处，间距不应大于18m，并应沿罐体周边均匀布置。

进入装卸站台的输送管道应在进入点接地。

冲击接地电阻不应大于10Ω。

防雷装置和设施，每季度至少检查1次，每年至少检测1次。

⑥静电接地应满足以下要求：

液氨汽车罐车、铁路罐车和装卸栈台，应设专用静电接地装置。

装置、设备和管道的静电接地点和跨接点必须牢固可靠。

泵房的门外、储罐的上罐扶梯入口处、操作平台的扶梯入口处等部位应设人体静电释放装置。

生产岗位人员对防静电设施每天至少检查1次，车间每月至少检查1次，企业每年至少抽查2次。

⑦液氨存储与装卸场所应设置有毒有害气体检测报警仪，其安装维护应符合以下要求：

设备、管道的法兰处和阀门组处应设置检测点，其有效距离不宜大于2m。

有毒气体的检（探）测器安装高度应高出释放源0.5～2m。

检测系统应采用两级报警，且二级报警优先于一级报警。

报警信号应发送至现场报警器和有人值守的控制室或现场操作室的指示报警设备，并且进行声光报警。

定期校验，加强维护，保证灵敏好用。

⑧安全警示标识：

现场应在醒目位置高处设置风向标。

应规范设置职业危害告知牌和防火、防爆、防中毒等安全警示标识，并设置警示线。

消火栓、阀门、消防水泵接合器等设置地点应设置相应的永久性固定标识。

（5）存储与装卸作业的基本要求

①制度、规程

液氨存储与装卸单位应建立健全安全生产管理制度和操作规程，至少应包括以下内容：岗位安全生产责任制；消防防火管理制度；开具提货单前的资质查验、装卸前的车辆安全状况查验制度；装卸过程中的操作制度；车辆出厂前的安全核准制度；装卸登记制度；存储、装卸作业操作规程等。液氨存储与装卸岗位人员应严格遵守操作规程或作业指导书要求，车间和科室要定期检查执行情况，并及时修订完善。

液氨储存区构成重大危险源的，必须执行以下规定：应建立重大危险源管理制度，完善厂、车间、班组三级管理体系；必须定期进行风险辨识、重大危险源登记和安全评估，随时掌握存储数量、安全状况；每季度不少于1次专项检查，及时排查治理隐患，完善监控运行措施；编制专项应急救援预案，至少每半年演练1次。

②安全培训

岗位人员应严格岗前安全培训，必须考核合格取得上岗证，特种作业人员除取得本单位安全作业证外，还需取得政府主管部门的特种作业操作资格证后，方可上岗作业。

安全培训应包括以下内容：岗位安全责任制、安全管理制度、操作规程；工作环境、危险因素及可能遭受的职业伤害和伤亡事故；预防事故和职业危害的措施及应注意的安全事项；自救互救、急救方法，疏散和现场紧急情况的处理；安全设备设施、个人防护用品的使用和维护；氨《安全技术说明书》《安全标签》；应急救援预案的内容及对外救援联系方式；有关事故案例；其他需要培训的内容。

外来人员在进入现场前，应由装置所在单位进行作业前的安全教育。

③安全防护

根据氨的理化特性及相关规定，液氨存储、装卸岗位应配备相应的安全防护用品。

过滤式防毒面具、防冻手套、防护眼镜应满足每人一副；空气呼吸器、隔离式防化服每个岗位至少应分别配备2套；现场应设置洗眼喷淋设施；岗位上应配备便携式氨有毒气体检测报警仪、应急通信器材、应急药品等。

防护用品、应急救援器材和消防器材等应定点存放，专人管理，定期检查校验，及时更新。

操作人员应按规定穿戴劳动防护用品，正确使用、维护和保养消防、应急救援器材。

④安全监护

液氨存储与装卸作业过程应设专人进行安全监护，监护人不在现场，应立即停止作业。

安全监护人应熟悉安全作业要求，经过相关作业安全培训，具有该岗位的操作资格。

安全监护人应在作业前告知作业人员危险点、危险性、安全措施和安全注意事项，并逐项检查应急救援器材、安全防护器材和工具的配备及安全措施落实情况。

作业中发现所监护的作业与作业票不相符合、安全措施不落实或出现异常情况时应立即制止，具备安全条件后方可继续作业。

⑤安全确认

存储区与装卸作业区无关人员不得进入。

作业前应确认相关工艺设备、监测监控设施、安全防护和应急设施等完好、投用。

液氨装卸的流速和压力应符合安全要求；作业过程中作业人员不得擅离岗位；遇到雷雨、六级以上大风（含六级风）等恶劣气候时应停止作业。

新安装或检修后首次使用的液氨储罐与槽车，应先用氮气置换，分析氧含量＜0.5%后方可充装。

未经安全确认、批准，不得进行液氨装卸作业。

⑥在装卸过程中，禁止在现场进行车辆维修等作业。

⑦装卸过程中开关阀门应缓慢进行。

（6）存储作业要求

①存储场所进液氨前的准备

试车方案、操作法、应急救援预案等已编制、审批，组织岗位人员培训学习，并考核合格。

管线、存储设备等新装置投用前或检修作业后进液氨之前，应办理相关安全作业票，完成下列工作：压力容器、压力管道、安全附件等已安装到位，全部检测合格；按方案吹扫完毕，完成气密性试验，分析合格；公用工程的水、电、汽、仪表空气、氮气等已能按设计要求保证连续稳定供应，试车备品、备件、工具、仪表、维修材料皆已齐全；罐区机泵调试合格备用；电压、仪表工作正常，灵敏好用；系统盲板已按方案抽、插完毕，并经检查位置无误，质量合格，封堵的盲板应挂牌标识；安全、急救、消防设施已经准备齐全，试验灵敏可靠，并符合有关安全规定；装置区内试车现场已清理干净，道路畅通，试车用具摆放整齐，装置区内照明可以满足试车需要；设备及主要的阀门、仪表已标明位号和名称，管道已标明介质和流向，管道、设备防腐、保温工作已经完成；报表、记录本、工器具具备条件。

液氨存储设备使用前或检修后做气密性能试验，应满足以下要求：气密性试验应在液压试验合格后进行；气密性试验应采用洁净干燥的空气、氮气或其他惰性气体，气体温度不低于5℃；罐体的气密性试验应将安全附件装配齐全；罐体检修完毕，应做抽真空或充氮置换处理，严禁直接充装。真空度应不低于650mmHg（86.7 kPa），或罐内氧含量不大于3%。

②储罐正常开车接液氨

接液氨前，应检查确认进罐阀、安全阀的根部阀、气相平衡阀、液相阀、自调阀前后切断阀、压力表的根部阀等阀门处于打开状态，放空阀和排油阀、自调阀的旁路阀、液氨外送阀等阀门处于关闭状态。

接调度通知，并具备接氨条件后，方可向储罐内进液氨。

③存储场所正常停车

按照前后工序停车顺序，根据情况关死存储设备储罐进出口阀门，卸掉液氨罐区液氨进出管压力，防止温升超压引发事故。

第一，液氨倒罐：倒进罐，应先开备用罐的进口阀，后关在用罐的进口阀。倒出罐，先开备用罐的出口阀，后关在用罐的出口阀。倒罐操作应注意出罐的液氨不得抽空，规定不得低于球罐容积的15%，倒罐操作一定要遵循先开后关的原则。

第二，液氨外送：外送管线置换分析合格，盲板插加完毕。接收工序具备接氨条件，接调度指令后外送。操作要求：安全监护人应在作业前告知作业人员危险点、危险性、安全措施和安全注意事项，并逐项检查应急救援器材、安全防护器材和工具的配备及安全措施落实情况。

第三，装卸作业要求。

一般要求：装卸作业人员应认真检查确认以下内容，复核无误后，方可按装卸操作规程进行作业。

确认充装/卸载容器内的物质与货单一致；确认进出料槽罐；确认管道、阀门、泵、充装台位号等；确认连接各部分接口牢固；确定装卸工艺流程；确定现场无关人员已撤离。

装卸过程中操作人员和驾驶员、押运员必须在现场，坚守岗位。车辆进入灌装区后应熄火固定，车前设置停车警示标识，否则禁止充装。

装卸作业人员应站在上风处，严密监视作业动态，初始流速不应大于1m/s，应严格按操作规程控制管道内的流速。严格检查罐体、阀门、连接管道等有无渗漏现象，出现异常情况应及时处理。

液氨槽车应严格控制充装量，不得超过设计的最大充装量（充装系数0.52 kg/L），车辆驶离充装单位前，应复查充装量并妥善处理，严禁超载。

移动式槽罐车装卸：液氨装卸应采用液下装卸方式，有回收或无害化处理的设施，严禁就地排放。

装卸作业前，应确认所有装卸设备、设施已进行有效接地，先连接槽车静电接地线后接通管道；作业完毕，应静置10min后方可拆除静电接地线，且应先拆卸管道后再拆卸静电接地线。

装卸现场严禁烟火，严禁将罐车作为储罐、汽化器使用，严禁用蒸汽或其他方法加热储罐和罐车罐体。

充装前应对照装车作业安全检查确认单，逐项检查确认，填表存档，不符合要求严禁充装。

液氨罐车罐体与液相管、气相管接口处必须分别装设一套内置式紧急切断装置；罐体必须装设至少1套液面测量装置，液面测量装置必须灵敏准确，结构牢固，操作方便；液面的最高安全液位应有明显标记，其露出罐外部分应加以保护；罐体上必须装设至少1套压力测量装置，表盘的刻度极限值应为罐体设计压力的2倍左右；充装压力不得超过1.6MPa；

液氨罐车每侧应有一只5 kg以上的干粉灭火器或4 kg以上的1211灭火器。进入作业区的车辆不得超过装车位的数量，保证消防通道畅通。

罐车在充装前或卸车后应保证0.05MPa以上的余压，防止罐车内进入空气。

罐车卸车时，必须逐项核对，填写卸车记录表。

液氨罐车充氨工作结束后，应先关管线上的阀门，后关槽车上的阀门，待液位不高于罐车规定液位后再关回气阀，最后拆除连接鹤管。

液氨罐车装卸作业完毕后，必须确认阀门关闭、连接管道和接地线拆除后，方可移开固定车辆设施和车前警示标识，驶离现场。

第四，钢瓶充装。

充装前必须对钢瓶逐只进行检查，合格后方可充装。严禁对氧或氯气瓶以及一切含铜容器灌装液氨。

液氨钢瓶应在检验有效期内使用，瓶帽、防震圈应齐全。

钢瓶充装液氨时，应设置电子衡器与充装阀报警联锁装置。日充装量大于10瓶的液氨气体充装站应配备具有在超装时自动自断功能的计量称；充装后应逐瓶复秤和填写充装复秤记录，严禁充装过量，严禁用容积计量。

液氨钢瓶称重衡器应定期校验，保持准确，校验周期不得超过3个月。衡器的最大称量值应为常用称量的1.5～3倍。

充装间应设置在气瓶超装时可同时切断气起源的联锁装置。

充装现场应设置遮阳设施，防止阳光直接照射钢瓶。

④应急处理措施

液氨存储、装卸单位应根据国家法律法规要求，结合单位实际制定火灾、爆炸、泄漏、中毒、灼伤应急预案，成立应急救援队伍，明确应急人员的职责和通信联络方式。定期对应急预案进行培训和演练，及时修订、评审，发现问题及时整改。

第一，现场急救。

皮肤接触应立即脱去污染的衣着，应用2%硼酸液或大量清水彻底冲洗，就医。

眼睛接触应立即提起眼睑，用大量流动清水或生理盐水彻底冲洗至少15min，就医。

呼吸道或口腔吸入应迅速脱离现场至空气新鲜处。保持呼吸道通畅。如呼吸困难，给予氧气；如呼吸停止，立即进行人工呼吸，就医。

第二，消防措施。

消防人员必须穿全封闭式防化服，在上风向灭火。

应尽可能切断气源，若不能切断气源，则不允许熄灭泄漏处的火焰。

救援过程注意喷水冷却容器，可使用雾状水、抗溶性泡沫、二氧化碳、砂土等作为灭火剂。

第三，泄漏处理。

迅速撤离泄漏污染区人员至上风处，并立即在150m外设置隔离区，严格限制出入。

应急处理人员应戴自给正压式呼吸器，穿全封闭防化服。

迅速切断火源，尽可能切断泄漏源。

合理通风，加速扩散。

高浓度泄漏区，喷含盐酸的雾状水中和、稀释、溶解。

稀释废水，应及时收集处理，避免污染环境。

泄漏容器应妥善处理，经有资质的单位修复、检验后方可使用。

现场大量泄漏时，岗位人员要沉着冷静，果断采取工艺处理、消防、堵漏等应急措施。

迅速报警，通知生产调度、应急抢险等相关人员进行紧急处置，并将事故情况及时报告当地环保、质监、安监等有关部门。

穿全封闭式防化服、戴自给正压式呼吸器，迅速关闭输送物料的管道阀门，切断事故源。打开喷淋、水幕等装置，用水稀释、吸收泄漏的氨气。喷水冷却容器，如有可能，将容器从火场移至空旷处。

抢救伤员，确定隔离区域，实施现场隔离，疏散下风向人员。

实施堵漏或倒罐，泄压排空。

用带压力的水和稀盐酸溶液，在事故现场布置多道水幕，在空中形成严实的水网，中和、稀释、溶解泄漏的氨气。构筑围堤或挖坑收容产生的废水。对附近的雨水口、地下管网入口进行封堵，防止进入引发次生事故。

根据液氨的理化性质和受污染的具体情况，采用化学消毒法和物理消毒法处理，或对污染区暂时封闭等，待环境检测合格，经有关部门、专家对事故现场进行安全检查合格后，方可进行事故现场清理、设备维修和恢复生产等。

（五）二氧化碳气瓶安全操作

1. 二氧化碳的理化性质

化学分子式：CO_2。

英文名称：Carbonic acid gas; carbon dioxide。

别名：碳酸气、碳酸酐、干冰。

相对密度：1.101。

沸点（℃）：-56.6。

熔点（℃）：-78.5。

临界温度（℃）：31.1。

临界压力（MPa）：7.382。

二氧化碳气瓶从规格型号上可分为：4L、5L、8L、10L、12L、15L、40L。

2. 二氧化碳气瓶安全操作

（1）二氧化碳气瓶的搬运

气瓶要避免敲击、撞击及滚动。阀门是最脆弱的部分，要加以保护，因此，搬运气瓶，要注意遵守以下的规则：①搬运气瓶时，不使气瓶突出车旁或两端，并应采取充分措施防止气瓶从车上掉落。运输时不可散置，以免在车辆行进中，发生碰撞。不可用铁链悬吊，可以用绳索系牢吊装，每次只能吊装1个。如果用起重机装卸超过1个时，应用正式设计托架。②气瓶搬运时，应罩好气钢瓶帽，保护阀门。③避免使用染有油脂的人手、手套、破布等接触搬运气瓶。④搬运前，应将联接气瓶的一切附件如压力调节器、橡皮管等卸去。

（2）二氧化碳气瓶的存放

①气瓶应贮存于通风阴凉处，不能过冷、过热或忽冷忽热，使瓶材变质。也不能暴露于日光及一切热源照射下，因为暴露于热力中，瓶壁强度可能减弱，瓶内气体膨胀，压力迅速增长，可能引起爆炸。②气瓶附近，不能有还原性有机物，如有油污的棉纱、棉布等，不要用塑料布、油毡之类覆盖，以免爆炸，勿放于通道上，以免碰撞。③不用的气瓶不要放在实验室，应有专库保存。④不同气瓶不能混放。空瓶与装有气体的瓶应分别存放。⑤在实验室中，不要将气瓶倒放、卧倒，以防止开阀门时喷出压缩液体。要牢固地直立，固定于墙边或实验桌边，最好用固定架固定。⑥接收气瓶时，应用肥皂水试验阀门有无漏气，如果漏气，要退回厂家，否则会发生危险。

（3）二氧化碳气瓶的使用

①使用前检查连接部位是否漏气，可涂上肥皂液进行检查，调整至确实不漏气后才进行实验。②使用时先逆时针打开钢瓶总开关，观察高压表读数，记录高压瓶内总的二氧化碳压力，然后顺时针转动低压表压力调节螺杆，使其压缩主弹簧将活门打开。这样进口的高压气体由高压室经节流减压后进入低压室，并经出口通往工作系统。使用后，先顺时针关闭钢瓶总开关，再逆时针旋松减压阀。③钢瓶千万不能卧放。如果钢瓶卧放，打开减压阀时，冲出的二氧化碳液体迅速气化，容易发生导气管爆裂及大量二氧化碳泄漏的意外事故。④减压阀、接头及压力调节器装置正确连接且无泄漏、没有损坏、状况良好。⑤二氧化碳不得超量充装。液化二氧化碳的充装量，温带气候不要超过钢瓶容积的75%。⑥旧瓶定期接受安全检验。超过钢瓶使用安全规范年限，在接受压力测试合格后，才能继续使用。

（六）压缩空气储气罐

1.压缩空气

压缩空气指被外力压缩的空气。空气具有可压缩性，经空气压缩机做机械功使本身体积缩小、压力提高后的空气叫压缩空气。储存压缩空气的罐体称为压缩空气储气罐。

2.储气罐的安全操作

储气罐是指专门用来储存气体的设备，同时起稳定系统压力的作用。根据储气罐承受的压力不同可以分为高压储气罐、低压储气罐、常压储气罐；按储气罐材料不同分为碳素钢储气罐、低合金钢储气罐、不锈钢储气罐。储气罐（压力容器）一般由筒体、封头、法兰、接管、密封元件和支座等零件和部件组成。

①遵守压力容器安全操作的一般规定。②运输储气罐的司机开车前检查一切防护装置和安全附件应处于完好状态，检查各处的润滑油面是否合乎标准。不合乎要求不得开车。③储气罐、导管接头内外部检查每年1次，全部定期检验和水压强度试验每3年1次，并要做好详细记录，在储气罐上注明工作压力、下次检验日期，并经专业检验单位发放“定检合格证”，未经定检合格的储气罐不得使用。④安全阀须按使用工作压力定压，每班拉动、检查1次，每周做1次自动启动试验和每6个月与标准压力表校正1次，并加铅封。⑤当检查修理时，应注意避免木屑、铁屑、拭布等掉入气缸、储气罐及导管内。⑥用柴油清洗过的机件必须无负荷运转10min，无异常现象后，才能投入正常工作。⑦机器在运转中或设备有压力的情况下，不得进行任何修理工作。⑧压力表每年应校验后铅封，且保存完好。使用中如果发现指针不能回归零位，表盘刻度不清或破碎等，应立即更换。工作时在运转中若发生不正常的声响、气味、振动或发生故障，应立即停车，检修好后才准使用。⑨水冷式空气压缩机开车前先开冷却水阀门，再开电动机。无冷却水或停水时，应停止运行。如果是高压电机，启动前应与配电房联系，并遵守有关电气安全操作规程。⑩非机房操作人员，不得入机房，因为工作需要，必须经有关部门同意。机房内不准放置易燃易爆物品。　工作完毕，将贮气罐内余气放出。冬季应放掉冷却水。

三、压力容器危险有害因素辨识

（一）压力容器爆炸的危害

1. 冲击波的破坏作用

冲击波超压会造成人员伤亡和建筑物的破坏。冲击波超压＞0.10MPa时，在其直接冲击下大部分人员会死亡；0.05~0.10MPa的超压可严重损伤人的内脏或引起死亡；0.03～0.05MPa的超压会损伤人的听觉器官或产生骨折；超压0.02～0.03MPa也可使人体受到轻微伤害。

2. 爆破碎片的破坏作用

压力容器爆炸破裂时，高速喷出的气流可将壳体反向推出，有些壳体破裂成块或片向四周飞散。这些具有较高速度或较大质量的碎片在飞出过程中具有较大的动能，也会造成较大的危害。碎片对人的伤害程度取决于其动能，碎片的动能与其质量及速度的平方成正比。碎片在脱离壳体时常具有80～120m/s的初速度，即使飞离爆炸中心较远时也常有20～30m/s的速度。在此速度下，质量为1kg的碎片的动能即可达到200～450J，足可致人重伤或死亡。碎片还可能损坏附近的设备和管道，引起连续爆炸或火灾，造成更大的危害。

3. 介质伤害

介质伤害主要是指有毒介质的毒害和高温蒸汽的烫伤。在压力容器所盛装的液化气体中有许多是毒性介质，如液氨、液氯、二氧化硫、二氧化氮、氢氟酸等。盛装这些介质的容器破裂时，大量液体瞬间汽化并向周围大气扩散，会造成大面积的毒害，不但造成人员中毒、致病、致死，也严重破坏生态环境，危及中毒区的动植物。

有毒介质由容器泄放汽化后，体积增大100～250倍。它所形成的毒害区的大小及毒害程度取决于容器内有毒介质的质量、容器破裂前的介质温度和压力以及介质毒性。

部分压力容器爆炸释放的高温汽水混合物会将爆炸中心附近的人员烫伤，其他高温介质泄放汽化也会灼烫、伤害现场人员。

4. 二次爆炸及燃烧危害

当容器所盛装的介质为可燃液化气体时，容器破裂爆炸在现场形成大量的可燃蒸汽，并迅即与空气混合形成可爆性混合气，在扩散中遇明火即形成二次爆炸。可燃液化气体容器的这种燃烧与爆炸常使现场附近变成一片火海，造成严重的后果。

5. 压力容器快开门事故危害

快开门式压力容器开关盖频繁，在容器泄压未尽前或带压下打开端盖，以及端盖未完全闭合就升压，极易造成快开门式压力容器爆炸事故。

（二）压力容器事故的预防

为防止压力容器发生爆炸，应采取下列措施：①在设计上，应采用合理的结构，如采用全焊透结构，能自由膨胀等，避免应力集中，几何突变。针对设备使用工况，选用塑性、韧性较好的材料。强度计算及安全阀排量计算应符合标准。②制造、修理、安装、改造时，加强焊接质量，并按规范要求进行热处理和探伤；加强材料管理，避免采用有缺陷的材料或用错钢材和焊接材料。③在压力容器的使用过程中加强管理，避免操作失误，超温、超压、超负荷运行，失检、失修及安全装置失灵等。④加强检验工作，及时发现缺陷并采取有效措施。

四、压力容器风险管控

建立健全压力容器安全管理制度、压力容器安全岗位职责、压力容器安全操作规程、事故应急救援预案等。

（一）设备安全控制措施

安全阀（safety valve），又称泄压阀（relief valve），与爆破片装置的组合。安全阀与爆破片装置并联组合时，爆破片的标定爆破压力不得超过容器的设计压力。安全阀的开启压力应略低于爆破片的标定爆破压力。

当安全阀进口与容器之间串联安装爆破片装置时，应满足下列条件：①安全阀和爆破片装置组合的泄放能力应满足要求。②爆破片破裂后的泄放面积应不小于安全阀进口面积，同时应保证爆破片破裂的碎片不影响安全阀的正常动作。③爆破片装置与安全阀之间应装设压力表、旋塞、排气孔或报警指示器，以检查爆破片是否破裂或渗漏。

当安全阀出口侧串联安装爆破片装置时，应满足下列条件：①容器内的介质应是洁净的，不含有胶着物质和阻塞物质。②安全阀的泄放能力应满足要求。③当安全阀与爆破片之间存在背压时，阀仍能在开启压力下准确开启。④爆破片的泄放面积不得小于安全阀的进口面积。⑤安全阀与爆破片装置之间应设置放空管或排污管，以防止该空间的压力累积。

（二）压力容器安全附件存在的安全隐患及控制措施

安全阀是根据压力系统的工作压力自动启闭，一般安装于封闭系统的设备或管路上保护系统安全。当设备或管道内压力超过安全阀设定压力时，自动开启泄压，保证设备和管道内介质压力在设定压力之下，保护设备和管道正常工作，防止发生意外，减少损失。

常见故障：排放后阀瓣不到位，这主要是弹簧弯曲阀杆、阀瓣安装位置不正或被卡住造成的，应重新装配。

泄漏。在设备正常工作压力下，阀瓣与阀座密封面之间发生超过允许限度的渗漏。其原因是阀瓣与阀座密封面之间有脏物，可使用提升扳手将阀开启几次，把脏物冲去。密封面损伤，应根据损伤程度采用研磨或车削后研磨的方法加以修复。阀杆弯曲、倾斜或杠杆与支点偏斜，使阀芯与阀瓣错位，应重新装配或更换。弹簧弹性降低或失去弹性，应采取更换弹簧、重新调整开启压力等措施。

到规定压力时不开启。造成这种情况的原因是定压不准，应重新调整弹簧的压缩量或重锤的位置。阀瓣与阀座黏住，应定期对安全阀做手动放气或放水试验。杠杆式安全阀的杠杆被卡住或重锤被移动，应重新调整重锤位置并使杠杆运动自如。

排气后压力继续上升。这主要是因为选用的安全阀排量小于设备的安全泄放量，应重新选用合适的安全阀。阀杆中线不正或弹簧生锈，使阀瓣不能开到应有的高度，应重新装配阀杆或更换弹簧。排气管截面不够，应采取符合安全排放面积的排气管。

阀瓣频跳或振动。主要是由于弹簧刚度太大，应改用刚度适当的弹簧。调节圈调整不当，使回座压力过高，应重新调整调节圈位置。排放管道阻力过大，造成过大的排放背压，应减少排放管道阻力。

不到规定压力开启。主要是定压不准、弹簧老化弹力下降，应适当旋紧调整螺杆或更换弹簧。

防爆片。指在设定压力下爆破后不可再闭合的压力泄放装置，在超过压力或真空承受极限时泄放压力，保护单个装置或整个系统的安全。

1. 爆破片的分类

（1）按照型式来分

正拱型：系统压力作用于爆破片的凹面。分为正拱普通、正拱开缝、正拱带槽。

反拱型：系统压力作用于爆破片的凸面。分为反拱刀架、反拱鳄齿、反拱带槽。

平板型：系统压力作用于爆破片的平面。分为平板普通、平板开缝、平板带槽。

（2）按照材料来分

金属：不锈钢、纯镍、哈氏合金、蒙乃尔、因科镍、钛、钽、锆等。

非金属：石墨、氟塑料、有机玻璃。

金属复合非金属。

2. 爆破片的特点

适用于浆状、黏性、腐蚀性工艺介质，这种情况下安全阀不起作用。

惯性小，可对急剧升高的压力迅速做出反应。

在发生火灾或其他意外时，在主泄压装置打开后，可用爆破片作为附加泄压装置。

严密无泄漏，适用于盛装昂贵或有毒介质的压力容器。

规格型号多，可用各种材料制造，适应性强。

便于维护、更换。

3. 爆破片的适用场所

压力容器或管道内的工作介质具有黏性或易于结晶、聚合，容易将安全阀阀瓣和底座黏住或堵塞安全阀的场所。

压力容器内的物料化学反应可能使容器内压力瞬间急剧上升，安全阀不能及时打开泄压的场所。

压力容器或管道内的工作介质为剧毒气体或昂贵气体，用安全阀可能会存在泄漏导致环境污染和浪费的场所。

压力容器和压力管道要求全部泄放毫无阻碍的场所。

其他不适用于安全阀而适用于爆破片的场所。

（三）压力容器安全对策措施

1. 设计

压力容器设计必须符合安全、可靠的要求。所用材料的质量及规格应当符合相应国家和行业标准的规定；压力容器材料的生产应当经过国家质量监督检验检疫总局安全监察机构认可批准；压力容器的结构应当根据预期的使用寿命和介质对材料的腐蚀速率确定足够的腐蚀裕量；压力容器的设计压力不得低于最高工作压力，装有安全泄放装置的压力容器，其设计压力不得低于安全阀的开启压力或者爆破片的爆破压力。

压力容器的设计单位应当具备《中华人民共和国特种设备安全法》及《特种设备安全监察条例》规定的条件，并按照压力容器设计范围，取得国家质量监督检验检疫总局统一制定的压力容器类《特种设备设计许可证》，方可从事压力容器的设计活动。

压力容器中的气瓶、氧舱的设计文件，应当经过国家质量监督检验检疫总局核准的检验检测机构鉴定合格，方可用于制造。

2. 制造、安装、改造、维修

原则上与锅炉的制造、安装、改造、维修的要求基本相同。

压力容器的制造单位应当具备《中华人民共和国特种设备安全法》及《特种设备安全监察条例》规定的条件，并按照压力容器制造范围，取得国家质量监督检验检疫总局统一制定的压力容器类《特种设备制造许可证》，方可从事压力容器的制造活动。压力容器的制造单位对压力容器原设计修改的，应当取得原设计单位书面同意文件，并对改动部分做详细记载。移动式压力容器必须在制造单位完成罐体、安全附件及盘底的总装（落成），并通过压力试验和气密性试验及其他检验合格后方可出厂。

（1）压力容器的使用

压力容器在投入使用前或者投入使用后30d内，移动式压力容器的使用单位应当向压力容器所在地的省级质量技术监督局办理使用登记，其他压力容器的使用单位应当向压力容器所在地的市级质量技术监督局办理使用登记，取得压力容器类的《特种设备使用登记证》。其他使用要求与锅炉使用要求基本一致。

（2）压力容器的检验

定期检验：安全状况等级为1级或者2级的，每6年至少进行1次检验；安全状况等级为3级的压力容器，至少每3年进行1次检验。检验时间，有效期满前1个月，使用单位向压力容器检验机构提出定期检验要求，只有经检验合格的压力容器才允许继续投入使用。

压力容器使用中应装设安全泄放装置（安全阀或者爆破片），当压力源来自压力容器外部且得到可靠控制时，安全泄放装置可以不直接安装在压力容器上。安全阀不可靠工作时，应当装设爆破片装置，或者采用爆破片装置与安全阀装置组合的结构，凡串联在组合的结构中的爆破片在作用时不允许产生碎片。

对易燃介质或者毒性程度为极度、高度或者中度危害介质的压力容器，应当在安全阀或者爆破片的排出口装设导管，将排放介质引至安全地点，并进行妥善处理，不得直接排入大气。

压力容器最高工作压力为第一压力源时，在通向压力容器进口的管道上必须装设减压阀，如因介质条件导致减压阀无法保证可靠工作时，可用调节阀代替减压阀，在减压阀和调节阀的低压侧必须装设安全阀和压力表。

①固定式压力容器

只安装1个安全阀时，安全阀的开启压力不应大于压力容器的设计压力，且安全阀的密封试验压力应当大于压力容器的最高工作压力。安装多个安全阀时，任意1个安全阀的开启压力不应大于压力容器的设计压力，其余安全阀的开启压力可以适当提高，但不得超过设计压力的1.05倍。装有爆破片时，爆破片的设计爆破压力不得大于压力容器的设计压力，且爆破片的最小设计爆破压力不应小于压力容器最高工作压力的1.05倍。

②移动式压力容器

安全阀的开启压力应为罐体设计压力的1.05～1.10倍，安全阀的额定排放压力不得高于罐体设计压力的1.2倍，回座压力不应低于开启压力的80%。

（3）检修、维修的风险管控

检修容器前，必须彻底切断容器与其他还有压力或气体的设备的连接管道，特别是与可燃或有毒介质的设备的通路。不但要关闭阀门，还必须用盲板严密封闭，以免阀门漏气，致使可燃或有毒的气体漏入容器内，引起着火、爆炸或中毒事故。

容器内部的介质要全部排净。盛装可燃、有毒或窒息性介质的容器还应进行清洗、置换或消毒等技术处理，并经取样分析直至合格。与容器有关的电源，如容器的搅拌装置、翻转机构等的电源必须切断，并有明显禁止接通的指示标志。

第二节　压力管道的安全管理

一、简介

（一）概念

压力管道是利用一定的压力，用于输送气体或者液体的管状设备，其范围规定为最高工作压力大于或者等于0.1MPa（表压）的气体、液化气体、蒸汽介质或者可燃、易爆、有毒、有腐蚀性、最高工作温度高于或者等于标准沸点的液体介质，且公称直径＞25mm的管道。这就是说，所说的压力管道，不但是指其管内或管外承受压力，而且其内部输送的介质是气体、液化气体和蒸汽或可能引起燃爆、中毒或腐蚀的液体物质。

（二）特点

①压力管道是一个系统，相互关联，相互影响，牵一发而动全身。②压力管道长径比很大，极易失稳，受力情况比压力容器更复杂。压力管道内流体流动状态复杂，缓冲余地小，工作条件变化频率比压力容器高，如高温、高压、低温、低压、位移变形、风、雪、地震等都有可能影响压力管道受力情况。③管道组成件和管道支承件的种类繁多，各种材料各有特点和具体技术要求，材料选用复杂。④管道上的可能泄漏点多于压力容器，仅一个阀门通常就有5处。⑤压力管道种类多，数量大，设计、制造、安装、检验、应用管理环节多，与压力容器大不相同。

（三）划分标准及级别

1. 划分标准

低压管道0≤P≤1.6MPa

中压管道 $1.6 < P \leq 10MPa$

高压管道 $10 < P \leq 100MPa$

超高压管道 $P > 100MPa$

2.管道级别

（1）长输管道为GA类

符合下列条件之一的长输管道为GA1级：①输送有毒、可燃、易爆气体介质，设计压力P＞1.6MPa的管道。②输送有毒、可燃、易爆液体介质，输送距离≥200km且管道公称直径DN≥300mm的管道。③输送浆体介质，输送距离≥50km且管道公称直径DN≥150mm的管道。

符合下列条件之一的长输管道为GA2级：①输送有毒、可燃、易爆气体介质，设计压力P≤1.6MPa的管道。②GA1范围以外的长输管道。

（2）公用管道为GB类

GB1为燃气管道；GB2为热力管道。

（3）工业管道为GC类

符合下列条件之一的工业管道为GC1级：①输送《职业性接触毒物危害程度分级》（GB5044）中，毒性程度为极度危害介质的管道。②输送《石油化工企业设计防火规范》（GB50160）及《建筑设计防火规范》（GBJ16）中规定的火灾危险性为甲、乙类可燃气体或甲类可燃液体介质且设计压力P≥4.0MPa的管道。③输送可燃流体介质、有毒流体介质，设计压力P≥4.0MPa且设计温度≥400℃的管道。④输送流体介质且设计压力P≥10.0MPa的管道。

符合下列条件之一的工业管道为GC2级：①输送《石油化工企业设计防火规范》（GB50160）及《建筑设计防火规范》（GBJ16）中规定的火灾危险性为甲、乙类可燃气体或甲类可燃液体介质且设计压力P＜4.0MPa的管道。②输送可燃流体介质、有毒流体介质，设计压力P＜4.0MPa且设计温度≥400℃的管道。③输送非可燃流体介质、无毒流体介质，设计压力P＜10.0MPa且设计温度≥400℃的管道。④输送流体介质，设计压力P＜10.0MPa且设计温度＜400℃的管道。

二、压力管道危险有害因素辨识方法

辨识危险有害因素方法根据（GB18218-2009）的规定，符合下列条件之一的压力管道构成重大危险源：①单危险品输送储存的以单危险品临界量判定。②多危险品输送储存的以Q值计算，多种危险物品且每一种物品的储存量均未达到或超过其对应临界量，但满足下面的公式：$\frac{q_1}{Q_1}+\frac{q_2}{Q_2}+\cdots+\frac{q_n}{Q_n}\geq 1$。式中，$q_1$，$q_2$，…，$q_n$—每一种危险物品的实际储存量。$Q_1$，$Q_2$，$Q_n$—对应危险物品的临界量。

三、压力管道危险有害因素治理方法运行前的检查

（一）竣工文件的检查

竣工文件是指装置（单元）设计、采购及施工完成之后的最终图样及文件资料，主要包括设计竣工文件、采购竣工文件和施工竣工文件三大部分。

1. 设计竣工文件

主要是检查设计文件是否齐全、设计方案是否满足生产要求、设计内容是否有足够而且切实可行的安全保护措施等内容。在确认这些方面满足开车要求时，才可以开车，否则就应进行整改。

2. 采购竣工文件

检查项目如下：

采购文件应齐全，应有相应的采购技术文件。

采购文件应与设计文件相符。

采购变更文件（采购代料单）应齐全，并得到设计人员的确认。

产品随机资料应齐全，并应进行妥善保存。

3. 施工竣工文件

需要检查的施工竣工文件主要包括下列文件：

重点管道的安装记录。

管道的焊接记录。

焊缝的无损探伤及硬度检验记录。

管道系统的强度和严密性试验记录。

管道系统的吹扫记录。

管道隔热施工记录。

管道防腐施工记录。

安全阀调整试验记录及重点阀门的检验记录。

设计及采购变更记录。

其他施工文件。

（二）现场检查

现场检查包括设计与施工漏项、未完工程、施工质量三个方面的检查。

1. 设计与施工漏项的检查

设计与施工漏项可能发生在各个方面，出现频率较高的问题有以下几个方面：

阀门、跨线、高点排气及低点排液等遗漏。

操作及测量指示点太高以至于无法操作或观察，尤其是仪表现场指示元件。

缺少梯子或梯子设置较少，巡回检查不方便；支架、吊架偏少，以至于管道挠度超出标准要求，或管道不稳定。

管道或构筑物的梁柱等影响操作通道。

设备、机泵、特殊仪表元件（如热电偶、仪表箱、流量计等）和阀门等缺少必要的操作及检修场地，或空间太小，操作及检修不方便。

2. 未完工程的检查

适用于中间检查或分期、分批投入开车的装置检查。对于本次开车所涉及的工程，必须确认其已完成并不影响正常的开车。对于分期、分批投入开车的装置，未列入本次开车的部分，应进行隔离，并确认它们之间相互不影响。

3. 施工质量的检查

施工质量问题可能发生在各个方面，因此应全面检查。可着重从以下几个方面进行检查：管道及其元件方面，支架、吊架方面，焊接方面，隔热、防腐方面。

（三）建档、标志与数据采集

1. 建档

压力管道的档案中至少应包括下列内容：管线号、起止点、介质（包括各种腐蚀性介质及其浓度或分压）、操作温度、操作压力、设计温度、设计压力、主要管道直径、管道材料、管道等级（包括公称压力和壁厚等级）、管道类别、隔热要求、热处理要求、管道等级号、受监测管道投入运行日期、事项记录等。

2. 标志与数据采集

管道的标志可分为常规标志和特殊标志两大类。特殊标志是针对各个压力管道的特点，有选择地对压力管道的一些薄弱点、危险点、在热状态下可能发生失稳（如蠕变和疲劳等）的典型点、重点腐蚀监测点、重点无损探测点及其他重点检查点等所做的标志。在选择上述典型点时，应优先选择压力管道的下列部位：弹簧支架、吊架点，位移较大的点，腐蚀比较严重的点，需要进行挂片腐蚀试验的点，振动管道的典型点，高压法兰接头，重设备基础标高，以及其他必要标志记录的点。

压力管道使用者应在这些影响压力管道安全的地方设置监测点并予以标志，在运行中加强观测。确定监测点之后，应登记造册并采集初始（开工前的）数据。

（四）运行中的检查和监测

运行中的检查和监测包括运行初期检查、巡线检查及在线监测、末期检查及寿命评估三部分。

1. 运行初期检查

当管道初期升温和升压后，可能存在的设计、制造、施工等问题都会暴露出来。此时，操作人员应会同设计、施工等技术人员，对运行的管道进行全面系统的检查，以便及时发现问题，及时解决。在对管道进行全面系统检查的过程中，应着重从管道的位移情况、振动情况、支撑情况、阀门及法兰的严密性等方面进行检查。

2. 巡线检查及在线监测

在装置运行过程中，由于操作波动等其他因素的影响，或压力管道及其附件在使用一段时期后因遭受腐蚀、磨损、疲劳、蠕变等损伤，随时都可能发生压力管道的破坏，故应对正在使用的压力管道进行定期或不定期的巡检，及时发现可能产生事故的苗头，并采取措施，以免造成较大的危害。

压力管道的巡线检查内容除全面进行检查外，还可着重从管道的位移、振动、支撑情况及阀门和法兰的严密性等方面进行检查。

除了进行巡线检查外，对于重要管道或管道的重点部位还可利用现代检测技术进行在线监测，即利用工业电视系统、声发射检漏技术、红外线成像技术等对在线管道的运行状态、裂纹扩展动态、泄漏等进行不间断监测，并判断管道的稳定性和可靠性，从而保证压力管道的安全运行。

3. 末期检查及寿命评估

压力管道经过长期运行，因遭受介质腐蚀、磨损、疲劳、老化、蠕变等的损伤，一些管道已处于不稳定状态或临近寿命终点，因此更应加强在线监测，并制定好应急措施和救援方案，随时准备抢险救灾。

在做好在线监测和抢险救灾准备的同时，还应加强在役压力管道的寿命评估，从而变被动安全管理为主动安全管理。

压力管道寿命的评估应根据压力管道的损伤情况和检测数据进行。总体来说，主要是针对管道材料已发生的蠕变、疲劳、相变、均匀腐蚀和裂纹等几方面进行评估。

四、事故与防范

（一）事故原因

①设计问题：设计无资质，特别是中、小型工厂的技术改造项目的设计工作往往是自行完成，设计方案未经有关部门备案。②焊缝缺陷：无证焊工施焊；焊接不开坡口，焊缝未焊透，焊缝严重错边或其他超标缺陷造成焊缝强度低下；焊后未进行检验和无损检测查出超标焊接缺陷。③材料缺陷：材料选择或改代错误；材料质量差，有重皮等缺陷。④阀体和法兰缺陷：阀门失效、磨损，阀体、法兰材质不合要求，阀门公称压力、适用范围选择不对。⑤安全距离不足：压力管道与其他设施距离不合规范，压力管道与生活设施安全距离不足。⑥安全意识和安全知识缺乏：思想上对压力管道安全意识淡薄，对压力管道有关介质（如液化石油气）安全知识贫乏。⑦违章操作：无安全操作制度或有制度不严格执行。⑧腐蚀：压力管道超期服役造成腐蚀，未进行在用检验评定安全状况。

（二）防范措施

1. 大力加强压力管道的安全文化建设

压力管道作为危险性较大的特种设备正式列入安全管理与监察规定才2年，许多人对压力管道安全意识淡薄。已发生的事故已经给人们敲了警钟，不能让更多的事故再促人猛醒。就事故预防而言，还不能简单地就事故论事故，而必须给予文化高度的思考，即在观念上确立文化意识，在工作中大力加强压力管道的安全文化建设，通过安全培训，安全教育，安全宣传，规范化的安全管理与监察，不断增强人们的安全意识，提高职工与大众安全文化素质，这样才能体现“安全第一，预防为主”的方针，才能以崭新的姿态开展新时期的安全工作。安全文化包括两部分：一部分是人的安全价值观，主要指人们的安全意识、文化水平、技术水平等；另一部分是安全行为准则，主要包括一些可见的规章制度以及其他物质设施，其中人的安全价值观是安全文化最核心、最本质的东西0应该树立这样一个观念：安全是一个1，其余产值、利润、荣誉等都是一个又一个0，当1站立的时候，后面的0越多越好，如果1倒下了，那么所有的0都等于0。对人是这样，对企业也是这样。应当看到，已深入人心的锅炉压力容器必须由有制造许可证的单位制造，必须要有监督检验证，使用前必须登记，这本身就是安全文化。如今安全文化正在国内蓬勃发展，已从生产安全领域向生活、生存安全领域扩展，因而在生产安全领域更要强调安全文化的建设。当前，加强压力管道的安全文化建设也是实现“两个根本性转变”的具体体现。

2. 严格新建、改建、扩建的压力管道竣工验收和使用登记制度

新建、改建、扩建的压力管道竣工验收必须有劳动行政部门人员参加，验收合格使用前必须进行使用登记，这样可以从源头把住压力管道安全质量关，使得新投入运行的压力管道必须经过检验单位的监督检验，安全质量能够符合规范要求，不带有安全隐患。新建、改建、扩建压力管道未经监督检验和竣工验收合格的不得投入运行，若有违反，由劳动行政部门责令改正并可处以罚款。为何在实际工作中推行监督检验还有一定的阻力，这当然与压力管道刚正式纳入安全管理与监察规定有关，但归根结底还是安全文化素质的问题。加强人们的安全文化教育是我们实行“科教兴国”方针的具体体现。安全文化建设是全方位的，不仅使用单位、安装单位人员要提高安全文化素质，劳动行政部门人员、管理部门人员、检验单位人员也是一样。可以认为，加强劳动行政部门人员、检验单位人员等有关人员的安全文化建设是培养跨世纪安全干部、人才的战略之举。监督检验工作一般由被授权的检验单位进行，但检验单位由于本身职责所限，并不知何时何地有新建、改建、扩建压力管道，只有靠各地劳动行政部门人员把关，才能使新建、改建、扩建的压力管道不漏检。严格压力管道的竣工验收和使用登记，实际上是强化制度安全文化的建设。

3. 新建、改建、扩建的压力管道实施规范化的监督检验

监督检验就是检验单位作为第三方监督安装单位安装施工的压力管道工程的安全质量必须符合设计图纸及有关规范标准的要求。压力管道安装安全质量的监督检验是一项综合性技术要求很高的检验。监督检验人员既要熟悉有关设计、安装、检验的技术标准，又要了解安装设备的特点、工艺流程。这样才能在监督检验中正确执行有关标准规程规定，保证压力管道的安全质量。从上面事故统计的原因比例知道，通过压力管道安全质量的监督检验可以控制事故发生原因的80%。从锅炉压力容器的监督检

验的成功经验来看，实施公正的、权威的、第三者监督检验，对降低事故率，起到了十分积极的作用。实践证明：即使有的压力管道工程设计安装有资质，在实际监督检验过程中还是发现了不少问题，有的工程层层分包，更需要最直接的第三方现场监督检验来给压力管道安装安全质量把关。监督检验控制内容有两个方面：安装单位的质量管理体系和压力管道安装安全质量。

其中安装安全质量主要控制点：安装单位资质；设计图纸、施工方案；原材料、焊接材料和零部件质量证明书及它们的检验试验；焊接工艺评定、焊工及焊接控制；表面检查，安装装配质量检查：无损检测工艺与无损检测结果；安全附件；耐压、气密、泄漏量试验。实施规范化的监督检验是物质安全文化在压力管道领域的具体体现。

（三）焊接要求

1. 人员素质

对压力管道焊接而言，最主要的人员是焊接责任工程师，其次是质检员、探伤人员及焊工。

焊接责任工程师是管道焊接质量的重要负责人，主要负责一系列焊接技术文件的编制及审核签发。如焊接性试验、焊接工艺评定及其报告、焊接方案以及焊接作业指导书等。因此，焊接责任工程师应具有较为丰富的专业知识和实践经验、较强的责任心和敬业精神。经常深入现场，及时掌握管道焊接的第一手资料；监督焊工遵守焊接工艺纪律的自觉性；协助工程负责人共同把好管道焊接的质量关；对质检员和探伤员的检验工作予以支持和指导，对焊条的保管、烘烤及发放等进行指导和监督。

质检员和探伤人员都是直接进行焊缝质量检验的人员，他们的每一项检验数据对评定焊接质量的优劣都有举足轻重的作用。因此，质检员和探伤员必须经上级主管部门培训考核取得相应的资格证书，持证上岗，并应熟悉相关的标准、规程规范。还应具有良好的职业道德，秉公执法，严格把握检验的标准和尺度，不允许感情用事、弄虚作假。这样才能保证其检验结果的真实性、准确性与权威性，从而保证管道焊接质量的真实性与可靠性。

焊工是焊接工艺的执行者，也是管道焊接的操作者，因此，焊工的素质对保证管道的焊接质量有着决定性的意义。一个好的焊工要拥有较好的业务技能，熟练的实际操作技能不是一朝一夕便能练成的，而是通过实际锻炼甚至强化培训才能成熟，最后通过考试取得相应的焊接资格。这一点相关的标准、法规对焊工技能、焊接范围等都做了较为明确的规定。一个好的焊工还须具有良好的职业道德、敬业精神，具有较强的质量意识，才能自觉按照焊接工艺中规定的要求进行操作。在焊接过程中集中精力，不为外界因素所干扰，不放过任何影响焊接质量的细小环节，做到一丝不苟，最终获得优良的焊缝质量。

作为管理部门人员，应建立持证焊工档案，除了要掌握持证焊工的合格项目外，还应重视焊工日常业绩的考核。可定期抽查，将每名焊工所从事的焊接工作，包括射线检测后的一次合格率的统计情况，存入焊工档案。同时制订奖惩制度，对焊接质量稳定的焊工予以嘉奖。这为管理人员对焊工的考核提供了依据。对那些质量较好较稳定的焊工，可以委派其担任重要管道或管道中重要工序的焊接任务，使焊缝质量得到保证。

2. 焊接设备

第一，焊接设备的性能是影响管道焊接的重要因素。其选用一般应遵循以下原则：①满足工件焊接时所需要的必备的焊接技术性能要求。②择优选购有国家强制CCC认证焊接设备的厂家生产的信誉度高的设备，对该焊接设备的综合技术指标进行对比，如焊机输入功率、暂载率、主机内部主要组成、外观等。③考虑效率、成本、维护保养、维修费用等因素。④从降低焊工劳动强度、提高生产效率考虑，尽可能选用综合性能指标较好的专用设备显得尤为重要。在国内外，许多焊接设备生产厂家都是专机专用，并打出了品牌。因此，选用焊接设备的原则首选专用，设备性能指标优中选优。只有这样，才能确保焊接质量的稳定并提高。

第二，设备的维护保养对顺利进行焊接作业、提高设备运转率及保证焊接质量起着很大的作用，同时也是保证操作人员安全所必需的。焊工对所操作的设备要做到正确使用、精心维护；发现问题及时处理，不留隐患。对于经常损坏的配件，提前做好储备，要在第一时间维护设备。另外，设备上的电流、电压表是考核焊工执行工艺参数的依据，应配备齐全且保证在核定有效期内。

3. 焊接材料

焊接材料对焊接质量的影响是不言而喻的，特别是焊条和焊丝是直接进入焊缝的填充材料，将直接影响焊缝合金元素的成分和机械性能，必须严格控制和管理。焊接材料的选用应遵循以下原则：①应与母材的力学性能和化学成分相匹配。②应考虑焊件的复杂程度、刚性大小、焊接坡口的制备情况和焊缝位置及焊件的工作条件和使用性能。③操作工艺性、设备及施工条件、劳动生产率和经济合理性。④焊接工人的技术能力和设备能力。焊接材料按压力管道焊接的要求，应设焊材一级库和二级库进行管理。对施工现场的焊接材料贮存场所及保管、烘干、发放、回收等应按有关规定严格执行。确保所用焊材的质量，保证焊接过程的稳定性和焊缝的成分与性能符合要求。

4. 焊接工艺

（1）焊接工艺文件的编制

焊接工艺文件是指导焊接作业的技术规定或措施，一般是由技术人员完成的，按照焊接工艺文件编制的程序与要求，主要有焊接性试验与焊接工艺评定、焊接工艺指导书或焊接方案、焊接作业指导书等内容。焊接性试验一般是针对新材料或新工艺进行的，焊接性试验是焊接工艺评定的基础，即任何焊接工艺评定均应在焊接性试验合格或掌握了其焊接特点及工艺要求之后进行的。经评定合格后的焊接工艺，其工艺指导书方可直接用于指导焊接生产。对重大或重要的压力管道工程，也可依据焊接工艺指导书或焊接工艺评定报告编制焊接方案，全面指导焊接施工。

（2）焊接工艺文件的执行

由于焊接工艺指导书及焊接工艺评定报告是作为技术文件进行管理的，是用来指导生产实践的，一般是由技术人员保存管理。因此在压力管道焊接时，往往还须编制焊接作业指导书，将所有管道焊接时的各项原则及具体的技术措施与工艺参数都讲解清楚，并将焊接作业指导书发放至焊工班组，让全体焊工在学习掌握其各项要求之后，在实际施焊中切实贯彻执行。使焊工的施工行为都能规范在有关技术标准及工艺文件要求的范围之内，才能真正保证压力管道的焊接质量。为了保证压力管道的焊接质量，除了在焊接过程中严格执行设计规定及焊接工艺文件的规定外，还必须按照有关国家标准及规程的规定，严格进行焊接质量的检验。焊接质量的检验包括焊前检验（材料检验、坡口尺寸与质量检验、组对质量及坡口清理检验、施焊环境及焊前预热等）、焊接中间检验（定位焊接质量检验、焊接线能量的实测与记录、焊缝层次及层间质量检验）、焊后检验（外观检验、无损检测）。只有严格把好检验与监督关，才能使工艺纪律得到落实，使焊接过程始终处于受控状态，从而有效保证压力管道的焊接质量。

5. 施焊环境

施焊环境因素是制约焊接质量的重要因素之一。施焊环境要求有适宜的温度、湿度、风速，才能保证所施焊的焊缝组织获得良好的外观成形与内在质量，具有符合要求的机械性能与金相组织。因此，施焊环境应符合下列规定：①焊接的环境温度应能保证焊件焊接所需的足够温度和使焊工技能不受影响。当环境温度低于施焊材料的最低允许温度时，应根据焊接工艺评定提出预热要求。②焊接时的风速不应超过所选用焊接方法的相应规定值。当超过规定值时，应有防风设施。③焊接电弧1m半径范围内的相对湿度应不大于90%（铝及铝合金焊接时不大于80%）。④当焊件表面潮湿，或在下雨、刮风期间，焊工及焊件无保护措施或采取措施仍达不到要求时，不得进行施焊作业。

（四）压力管道安全对策措施

1. 设计

压力管道的设计单位应当具备《中华人民共和国特种设备安全法》及《特种设备安全监察条例》规定的条件，并按照压力管道设计范围，取得国家质量监督检验检疫总局或者省级质量技术监督局颁发的压力管道类《特种设备设计许可证》和《压力管道设计审批人员资格证书》，方可从事压力管道的设计活动。

2. 制造、安装

压力管道元件（指连接或者装配成压力管道系统的组件，包括管道、管件、阀门、法兰、补偿器、阻火器、密封件、紧固件和支架、吊架等）的制造、安装单位应当获得国家质量监督检验检疫总局或者省级质量技术监督局许可，取得许可证方可从事相应的活动。具备自行安装能力的压力管道使用单位，经过省级质量技术监督局审批后，可以自行安装本单位使用的压力管道。

压力管道元件的制造过程，必须由国家质量监督检验检疫总局核准的检验检测机构的有资格的检验员按照安全技术规范的要求进行监督检验。

3. 使用

使用符合安全技术规范要求的压力管道，配备专职或者兼职专业技术人员负责安全管理工作，制定符合本单位实际的压力管道安全管理制度，建立压力管道技术档案，并向所在地的市级质量技术监督局登记。

使用输送可燃、易爆或者有毒介质的压力管道单位，应当建立巡线检查制度，制定应急救援措施、救援方案和预案，根据需要建立抢险队伍或者有依托社会救援力量的及时联系方式，并定期演练。

压力管道元件安全要求定期进行校验和检修。

参考文献

[1] 杨申仲．设备工程师管理实用手册［M］．北京：机械工业出版社，2020.11.

[2] 耿力坤．特种设备监察典型案例评析［M］．北京：中国工商出版社，2020.01.

[3] 龚芳．特种设备质量安全精细化管理［M］．天津：天津科学技术出版社，2020.05.

[4] 边建潇．特种加工技术研究［M］．北京：中国纺织出版社，2020.07.

[5] 胡海峰，钟佳奇，蒋文奇．机电类特种设备检验检测技术研究［M］．天津：天津科学技术出版社，2020.05.

[6] 徐勇．金属切削加工方法与设备［M］．北京：化学工业出版社，2020.05.

[7] 李亚江．特种连接技术［M］．北京：机械工业出版社，2019.12.

[8] 贾瑛．特种燃料污染检测与控制［M］．西安：西北工业大学出版社，2019.05.

[9] 于兆虎，郭宏毅．特种设备金属材料加工与检测［M］．开封：河南大学出版社，2019.08.

[10] 巴鹏，马春峰，张秀珩．机械设备润滑基础及技术应用［M］．沈阳：东北大学出版社，2019.12.

[11] 李勇，赵彦杰．特种设备安全技术丛书锅炉能效测试与远程监控技术［M］．郑州：黄河水利出版社，2022.03.

[12] 蒋俊．承压特种设备生产和充装单位许可鉴定评审实务［M］．北京：化学工业出版社，2022.06.

[13] 张莉聪．机械与特种设备安全［M］．北京：应急管理出版社，2022.06.

[14] 虞晓斌，王磊，马聪．特种设备的发展与管理研究［M］．长春：吉林科学技术出版社，2022.08.

[15] 牟龙龙，郭义帮，褚宏宇．特种设备安全与节能技术研究［M］．长春：吉

林科学技术出版社，2022.08.

[16] 杨申仲，李秀中，岳云飞．特种设备管理与事故应急预案第2版［M］．北京：机械工业出版社，2022.03.

[17] 王雅，佟得吉，赵濯非．特种设备安装与检验技术研究［M］．汕头：汕头大学出版社，2022.06.

[18] 廖迪煜．特种设备安全管理作业指导书［M］．北京：中国计量出版社，2022.01.

[19] 杨明涛，杨洁，潘洁．机械自动化技术与特种设备管理［M］．汕头：汕头大学出版社，2021.01.

[20] 蓝麒，胡荷佳．特种设备领域法律责任研究［M］．北京：中国计量出版社，2021.11.

[21] 廖迪煜．特种设备安全监察作业指导书［M］．北京：中国标准出版社，2021.11.

[22] 沈功田，李光海，吴茉．特种设备安全与节能技术进展5第五届特种设备安全与节能学术会议论文集［M］．北京：化学工业出版社，2021.12.

[23] 袁晓静，查柏林．特种润滑涂层构建理论与技术［M］．北京：国防工业出版社，2021.01.

[24] 刘莎，梁敏健．特种设备检验机构科技成果转化［M］．北京：中国计量出版社，2021.07.

[25] 曹治明，王凯军．特种设备安全技术丛书燃油燃气锅炉运行实用技术［M］．郑州：黄河水利出版社，2021.04.

[26] 齐泽民，李亚梅，代纯军．特种设备无损检测人员Ⅰ级和Ⅱ级培训教材高等职业院校无损检测专业培训教材磁粉检测［M］．北京：中国铁道出版社，2021.09.

[27] 胡忆沩，陈庆，王海波．设备管理与维修第2版［M］．北京：化学工业出版社，2021.11.

[28] 张海营，薛永盛，谢曙光．承压类特种设备超声检测新技术与应用［M］．郑州：黄河水利出版社，2020.09.